Karl Helmut Schmidt

3.141592653589793238462643383279502884197169399

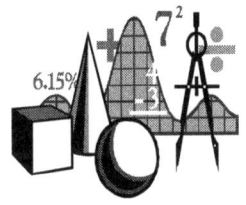

Geschichte
und
Algorithmen
einer
Zahl

Karl Helmut Schmidt

Noli turbare circulos meos
Archimedes

Meinen Eltern

Anna und Wilhelm Schmidt

Karl Helmut Schmidt
Merzenstrasse 19
D-70469 Stuttgart

Umschlaggestaltung: Uta Paar Werbeagentur, Bergen / Bayern , www.paar-design@t-online.de

Herstellung: Books on Demand GmbH
ISBN 3-8311-0809-9

3.14159265358979323846264338327950288419716939 93

Inhalt

3.1415926535897932384626433832795028841971693993

8

11.
00100100 00111111 01101010 10001000 10000101 10100011
00001000 11010011 00010011 00011001 10001010 00101110
00000011 01110000 01110011 01000100 10100100 00001001
00111000 00100010 00101001 10011111 00110001 11010000
00001000 00101110 11111010 10011000 11101100 01001110
01101100 10001001 01000101 00101000 00100001 11100110
00111000 11010000 00010011 01110111 10111110 01010100
01100110 11001111 00110100 11101001 00001100 01101100
11000000 10101100 00101001 10110111 11001001 01111100
01010000 11011101 00111111 10000100 11010101 10110101

3.
1415926535 8979323846 2643383279 5028841971 6939937510
5820974944 5923078164 0628620899 8628034825 3421170679
8214808651 3282306647 0938446095 5058223172 5359408128
4811174502 8410270193 8521105559 6446229489 5493038196
4428810975 6659334461 2847564823 3786783165 2712019091
4564856692 3460348610 4543266482 1339360726 0249141273
7245870066 0631558817 4881520920 9628292540 9171536436
7892590360 0113305305 4882046652 1384146951 9415116094
3305727036 5759591953 0921861173 8193261179 3105118548
0744623799 6274956735 1885752724 8912279381 8301194912

3.
243F6A88 85A308D3 13198A2E 03707344 A4093822 299F31D0
082EFA98 EC4E6C89 452821E6 38D01377 BE5466CF 34E90C6C
C0AC29B7 C97C50DD 3F84D5B5 B5470917 9216D5D9 8979FB1B
D1310BA6 98DFB5AC 2FFD72DB D01ADFB7 B8E1AFED 6A267E96
BA7C9045 F12C7F99 24A19947 B3916CF7 0801F2E2 858EFC16
636920D8 732FE90D BC3A9442 ECC19381 729F4C5F 6574E198
30FBBC58 3EF6975C 4CED66B9 361B921D 9B591887 138A3C7A
2FB68DB2 798A23C2 065092C0 BF910A90 8C77C3C8 61EEC346
18ACD015 ACA52B18 D6E9DDBB787749ED 52FA928E 1D2E34A7
3497F6DA 3BAB12DE BE6B7A9B 1D0FBA91 2AE475E2 6236E10E

3.141592653589793238462643383279502884197I693993

Ist π nütze ?

Wenn physikalische Gesetze in einer Umgebung
gültig sind, sind sie in einer Umgebung,
die sich relativ zu jener bewegt, ebenso gültig.

Albert Einstein (1879-1985)

Das Geschrei um weltlichen Ruhm ist nur ein
Windstoss, der aus verschiedenen Richtungen
bläst und dabei seinen Namen ändert.

Dante Alighieri (1265-1321)

Leichtgläubigkeit ist die grosse Schwäche
erwachsener Menschen, jedoch die grosse Stärke
der Kinder.

Charles Lamb (1775-1834)

Lass es George machen, er ist der Mann der Zeit.

Louis XII of France (1462-1515)

3.14159265358979323846264338327950288419716939 93

π ist das Verhältnis des Umfangs eines Kreises zu seinem Durchmesser, und auch das Verhältnis der Fläche eines Kreises zum Quadrat seines Radius; π ist auch das Verhältnis der Kugeloberfläche zum Quadrat des Kugeldurchmessers.

Diese Zahl π hat die Menschheit über Jahrtausende begleitet. In allen Kulturen findet man Näherungswerte. Zu Beginn ihrer Bestimmung suchte man einen Wert zur Konstruktion von Kreisen und verwandten Bögen in der Architektur. Nahezu gleichzeitig wurde von Denkern und Mathematikern die Beziehung des Kreises zum Quadrat, ja eine direkte Flächenumwandlung - die Quadratur des Kreises - gesucht. Der Zauber von π beschränkt sich jedoch nicht nur auf die Größenbestimmung von Kreisen und Bögen. Auch ohne π kann man Kreise konstruieren. π erscheint an vielen, oft unerwarteten Stellen, die nichts mit Kreisen zu tun haben. π ist eine wichtige Zahl in vielen Bereichen der Mathematik. Nimmt man zum Beispiel alle Primzahlen, die bei der Faktorisierung einer beliebigen Zahl gefunden werden, so ist die Wahrscheinlichkeit der Wiederholung eines Faktors gleich $6/\pi^2$.

Nach über 4000 Jahren werden noch immer neue Beziehungen und Fakten von π in der Zahlentheorie entdeckt. Die oben angeführten Verhältnisse über Umfang und Fläche eines Kreises gelten aus allgemeiner Sicht nur für euklidische Räume, deren Bestehen man für lange Zeit für alle uns umgebende physikalische Räume annahm. Jedoch brachte Einstein mit seiner allgemeinen Relativitätstheorie neue Erkenntnisse über gekrümmte Räume, die abhängig von Schwerkräften grosser Massen im Weltraum sich ergeben. Für solche nicht-euklidischen Räume hat der russische Mathematiker Lobatschewski den Umfang eines Kreise mit $U = \pi k (e^{rk} - e^{-rk})$ bestimmt. e ist eine Konstante der natürlichen Logarithmen.

In der Schule werden oft Kriege, Eroberungen, Ideologien und Religionen mit präzisen Einzelheiten, vermittelt. Lebensqualität und Wohlstand basieren jedoch nicht nur auf historischen Begebenheiten, sondern auf der Gemeinsamkeit von vielen Entwicklungen, Mathematik inbegriffen. Diese ist die Basis der Naturwissenschaften, auf denen wiederum die moderne Technik und deren Verwirklichung in unserem Leben gründen..

Warum ist das so ?

Warum besteht eigentlich der Wunsch Millionen und Aber-Millionen Dezimalstellen der Zahl π zu bestimmen? Ist es die Sucht nach Rekorden ? Und wozu benötigt man hunderte, ja tausende Stellen ?

Dies hat keine praktische Bedeutung, so scheint es. Fünf Dezimalstellen reichen aus, um die genauesten Maschinen zu bauen; mit zehn Stellen kann man bereits den Erdumfang auf wenige Millimeter genau berechnen; neununddreißig Stellen von π genügen um den Umfang des Kreises, der das ganze uns bekannte Universum umspannt, auf den Durchmesser eines Wasserstoffatoms genau zu bestimmen.

Warum sind wir dann nicht mit 50 oder 100 Dezimalstellen von π zufrieden ?

Der Weg ist das Ziel - so heißt es, und : Der Berg wird bestiegen, weil er da ist.

3.14159265358979323846264338327950288419716939 93

π im Altertum

Alles, was im Universum existiert,
trägt sein spezielles Zahlengeheimnis
mit sich.

Chao-Hsiu Chen (?)

Was siehst Du sonst im finsteren
Abgrund der Zeit ?

William Shakespeare (1564-1616)

3.141592653589793238462643383279502884197169399

Über 2 Millionen Jahre hat sich der Mensch entwickelt. Neunundneunzig Prozent dieser Zeit war er in erster Linie Jäger und Sammler für die tägliche Nahrung. Der große Unterschied zwischen diesem Menschen und ihm verwandten Tieren war der Gebrauch von Waffen und Werkzeugen zum Jagen und zur späteren Bestellung der Felder. Zahlen größer 2 oder sogar größer 10 waren meistens nicht notwendig. Eine Herde bestand aus 2 Tieren oder es waren eben viele.

Erst durch das Seßhaftwerden mit dem Bau von Unterkünften und dem Entstehen eines einfachen Tauschens und Handels entstand das Bedürfnis zu zählen, zu messen und zu rechnen. Mit der Entwicklung einer erfolgreichen Landwirtschaft ermöglichte es dem Menschen genügend Nahrungmittel zu erzeugen und sich durch Tauschhandel das tägliche Leben zu erleichtern. Dadurch verblieb ihm Zeit für andere Dinge. So konnten einige Individualisten sich mit übergeordneten Zusammenhängen, Herkunft, Sinn des Lebens und speziellen Anwendungen solcher Gedankenspiele befassen. Die agrikulturelle „Revolution" ergab sich natürlich zuerst in Gegenden mit günstigen Klimaverhältnissen, nicht im extremen Norden oder in tropischen Regionen, sondern in dazwischen liegenden Landstrichen. Dies entspricht Regionen um das Mittelmeer, von Ägypten bis zum Bereich des sogenannten Zweistromlandes zwischen Euphrat und Tigris, über Persien, Indien und China; dazu gehört auch Mittelamerika.
Da nahezu jede Kultur sich mit dem „Übersinnlichen" und Lebenszielen, meist aus Besorgnis vor Morgen, Vorhandensein von genügend Nahrung und vor allem der Sorge um die Zukunft und der Zeit nach dem Tode auseinandersetzte, gab es besondere geistliche Führer, Schamanen und Priester. Diese Menschen hatten tradierte Erfahrungen, eine gewisse Heilkunde und auch oft „technisches" Wissen, das dann beim Bau von Tempeln, Behausungen und später Palästen meist erfolgreich zur Anwendung kam.

Ein großer Sprung vorwärts in der Entwicklung des Menschen kam nach der letzten Eiszeit, etwa 10 000 Jahre vor Beginn der christlichen Zeitrechnung, mit dem Zusammenschluß von Gruppen in mehr oder weniger größeren Ansiedlungen. Es ergab sich die Notwendigkeit zur Suche nach Größeneinheiten zum Messen von Getreidemengen, Entfernungen und Zeitabschnitten. Maße wie Scheffel für Mengen, Anzahl der Schritte, Seillängen mit Abstandsknoten, Ellen und Zeiten für Reisen, die einen Tag oder Teile davon definierten, wurden geschaffen.

Dies brachte auch die ersten wichtigen Schritte zu einer einfachen Arithmetik zum Gebrauch bei Händlern, Priestern, Steuereintreibern, Bauingenieuren etc., sowie die erste Form des Schreibens und Dokumentierens. Neben den Hieroglyphen Ägyptens wurden die ältesten bekannten Schriftformen aus der Zeit vor 3000 v.Chr. im Land Elam und Unteren-Zwischenstromland Mesopotamien gefunden. Elam lag auf dem Gebiet des heutigen Iran im Osten des Landes Sumer. Auf ur-elamischen Tontafeln aus Susa ist ein Verzeichnis verschiedener Tieren mit entsprechenden Zahlenangaben dargestellt.

3.14159265358979323846264338327950288419716939938

Die Ansammlung von Bevölkerungsgruppen an den Ufern großer Flüsse, deren jährliche Überflutungen fruchtbare Schlammablagerungen brachten, benötigten nach der Überflutung eine mehr oder weniger genaue Aufteilung und Vermessung des Landes entsprechend dem Besitzstand. Dies betraf besonders die Gegenden an Nil, Euphrat und Tigris, Indus und Yangtse-kiang und Hwang-ho. Vermessungstechnik war gefragt. In Ägypten und in Mesopotamien hatten die Priester die wichtige Aufgabe der Bestimmung des Kalenders, um zum Beispiel die jährliche Flutung des lebenswichtigen Flusses vorherzusagen und die heiligen Fest- und Feiertage festzulegen.

Es ist anzunehmen, dass die erste Schrift und die ersten Zahlen Erfindungen der Buchhalter waren, deren Aufgabe es war, wirtschaftliche Erträge festzuhalten und verständliche Abrechnungen beim Handeln oder Tauschgeschäften zu erstellen. Mit der Entwicklung einer einfachen Arithmetik wurde auch das Berechnen von Gebäuden, Straßen, Befestigungen und Tempeln möglich. Frühe Tontafeln berichten über Anwendung von Rechenregeln für den Bau und die Verwaltung von Eigentum, wie Viehbestand und Getreideerträgen.

Mit diesen Rechenregeln kam die Entdeckung von Beziehungen zwischen verschiedenen Gegenständen oder Rechenwerten. Ein größerer Stein wiegt mehr; ein schnellerer Läufer kann Entfernungen in kürzerer Zeit überbrücken, mit einem größeren Feld lassen sich höhere Erträge erwirtschaften. Dazu kam dann die spezielle Definition von Beziehungen einzelner Maßeinheiten wie: Verdoppelung des Volumens bewirkt eine Verdoppelung des Gewichtes, bestimmte Seitenlängen in einem Dreieck ergeben einen rechten Winkel oder das Verhältnis des Durchmessers eines Kreises zu seinem Umfang ist für alle Kreisgrößen konstant.

In Nevali Cori wurde im 7. Jahrtausend v. Chr. bereits ein Bau mit kreisförmiger Grundfläche und eingelassenen bogenförmigen Nischen erstellt. In Zentralanatolien wurden 3000 v.Chr. von den Hethitern Großbauten mit 50x30 Metern Seitenlänge errichtet. Steinerne Schmelztiegel und kreisrunde Brunnen und Vorratsräume waren nicht selten. Neben neuen Werkzeugen wurde das Schwert als verlängerter Kampfarm und der Streitwagen mit Rädern, Achsen und Speichen erfunden. Zwischen 5000 und 3000 v.Chr. hatte sich die Technologie der Bronzeherstellung vom Osten kommend soweit entwickelt, dass auch runde Töpfe und andere kreisförmige Gegenstände produziert werden konnten. Der Handel blühte und insbesondere die Hethiter waren führend in der Bronzeverarbeitung. Sie erstellten Bronzegeräte von Waffen bis zu Kochtöpfen, und entwickelten um 2000 v.Chr. einen leichtläufigen Streitwagen, der als Nachfolger des etwas klobigen, assyrischen Streitwagens über Jahrhunderte erfolgreich war.

3.14159265358979323846264338327950288419716939937

Zahlenzeichen zur Markierung von abgelaufenen Tagen, zum Zählen von Vieh oderGegenständen hatten ihren Ursprung in Kerbmarkierungen an Knochen, Stein oder Holz. Die frühesten Zahlenreihen der Priester und Händler bestanden aus einer Reihe von Strichen, Gruppen von Strichen und besonderen Zeichen für Zahlengruppen. Fast alle frühen Zahlenschriften basierten auf den zehn Fingern der Menschen.

Die Ägypter hatten ein, wenn auch ziemlich umständliches, Dezimalsystem, die Babylonier dagegen ein Sexagesimalsystem, wobei der Stellenwert der einzelnen Ziffern keine feste Zuordnung hatte, somit ganze Zahlen und Brüche gezeigt und dargestellt werden konnten.

Ägyptische Zahlendarstellung :

| 1 | 6 | 10 | 26 | 100 | 202 | 1116 |

Beim babylonischen Sexagesimalsystem zählt man bis zum Zahlenwert 60 in Zehnergruppen und addiert dazu die Einer.

z.B. $34 = 3*10 + 4$

Babylonische Darstellung :

| 1 | 6 | 10 | 34 | 60 | 600 |

Das Basis-60 System der Babylonier wird von den Astronomen seit dem Altertum bis heute benützt. Es findet auch immer noch Anwendung bei Winkelrechnungen und der Zeitdarstellung in Minuten und Sekunden.

Alle Zahlensysteme der Steinzeit und frühen Antike hatten keine „Null", was das Rechnen meist sehr schwierig gestaltete. Die Ziffer Null wurde relativ spät eingeführt. Für die Darstellung von größeren Zahlen ohne ein Symbol für Null benötigte man immer wieder neue Symbole.

3.14159265358979323846264338327950288419716939 93

Deutlich wird diese Problematik bei den römischen Zahlen.
Römische Zahlendarstellung :

I	III	IV	V	X	L	C	D	M
1	3	4	5	10	50	100	500	1000

Der Akabus, eine sehr frühe Erfindung zum Aufzählen und später zum allgemeinen Rechnen, war das erste mechanische Hilfsmittel für den täglichen Gebrauch.

Bei der Anwendung des Akabus, der sich noch heute im 20. Jahrhundert besonders in Asien sehr großer Beliebtheit erfreut, wird das Nichts oder eine Art von *Null* durch eine *leere* Reihe dargestellt. Die Erfindung eines Symbols für die leere Kolonne des Akabus geschah zuerst bei den Mayas im heutigen Guatemala. Sie benützten für die *Null* eine Kreisform. Damit waren sie für nummerisches Rechnen wesentlich besser gerüstet. Zur Zahlendarstellung benützten sie zusätzlich das moderne Positionsprinzip (*positional notation*). Ansonsten entsprach das Zahlensystem der Basis 20. Dabei zählt man bis 20 in Fünfergruppen und addiert den Rest in Einer.

z.B. $19 = 3*5 + 4$

Zahlendarstellung der Mayas :

Das Symbol für Null wie wir es heute kennen stammt aus Indien, von wo aus es sich nach China im Osten, dem Vorderen Orient und später mit dem Islam und den Arabern nach dem heutigen Europa verbreitete. Das indische Wort für „0" ist *sunya* und bedeutet leer. Dieses Null-Symbol soll schon vor 400 n.Chr. benützt worden sein. Mit dem Symbol für Null und dem Zahlensystem mit der Basis 10 wird die Niederschrift von Zahlen und Rechenregeln ziemlich einfach. So konnten Regeln festgelegt werden und für jedermann zum Gebrauch angeboten werden. Im Mittelalter nannte man diese Rechenvorschriften *Algorithmen*, wobei der Name eines arabischen Mathematikers des 13. Jahrhunderts, nämlich Al Khwarismi oder *Alkarismi* als Vorlage diente. Die Hindu-Arabische Zahlendarstellung kam aus dem Osten über Nordafrika um 1200 n.Chr. nach Europa.

3.141592653589793238462643383279502884197169399

Damit war der Weg für die moderne Mathematik-Entwicklung, ihre Rechenregeln und Algorithmen geschaffen.

Die Bestimmung von rechteckigen und quadratischen Flächen sowie Gebäuden wurde schon sehr früh in der Menschheitsgeschichte beherrscht. Jedoch brachte die Berechnung und die entsprechende Konstruktion von Kreisen von jeher Schwierigkeiten. Besonders die Berechnung der Länge eines Kreisumfangs und der Kreisfläche konnte lange nicht sehr genau durchgeführt werden.

Die Zahl, die das Verhältnis des Durchmessers zum Umfang eines Kreises bezeichnet, besitzt, unabhängig von der Größe eines Kreises, einen *konstanten* Wert. Dies wurde schon sehr früh in der Menschheitsgeschichte erkannt.

Das Symbol π für dieses konstante Kreisverhältnis wurde aber erst im 18. Jahrhundert in die allgemeine mathematische Welt eingeführt. Eine Verwandtschaft zum griechischen Wort *perimeter* und die Benutzung des griechischen Buchstabens π für p ist naheliegend.

Zuerst benützte man für π noch den Wert von 3, obwohl im Gebiet des Zweistromlandes ein höheres Rechenniveau als bei den ägyptischen Mathematikern in den dortigen Tempel-bezirken vorhanden war.

Um 2000 v.Chr. benützte man in Babylon und Mesopotamien allgemein :

$$\pi = 25/8 = 3.125$$

Ebenfalls aus dieser Zeit ist der Wert $\pi = \sqrt{10} = 3{,}16$ aus Ägypten bekannt.

In den ägyptischen Rhind Papyrus Rollen aus der Zeit um 1850 v.Chr. gibt der Schreiber *Ahmes* in einer sehr interessanten Aufzeichnung über allgemeines Rechnen in ausgewählten Musteraufgaben auch Lösungen bezüglich der Kreizahl π. Er behauptet dort mit einigen Zugeständnissen, ein kreisartiges Feld mit einem Durchmesser d = 10 Maßeinheiten habe die gleiche Fläche wie ein quadratisches Feld mit einer Seitenlänge von 9 Maßeinheiten. Nach einigen Korrekturen und Anpassungen kommt er zu dem erstaunlichen Ergebnis

$$\pi * (9/2)^2 = 8^2 \qquad \text{und damit} \qquad \pi = 256/81 = 3.16$$

Ahmes schreibt:
Zugang zu dem Wissen aller bestehenden Dinge und verborgenen Geheimnisse. Dieses Buch wurde im 33. Jahr, im 4. Monat der Überschwemmungs-Jahreszeit kopiert, während der Herrschaft des Königs von Unter- und Oberägypten „A-user-Re" , verglichen zu den Aufzeichnungen und Geschriebenen aus den alten Zeiten des Königs von Unter- und Oberägyptens *Ne-mat' et-Re*. Dies ist der Schreiber Ahmes, der diese Kopie anfertigt.

3.141592653589793238462643383279502884197169399 3

Ne-mat'et-Re regierte um 1850 v.Chr. Das Ahmed Papyrus enthält 84 Probleme und deren Lösungen. Die obengenannte Beschreibung zur Berechnung von π ist aus Problem Nr. 50.

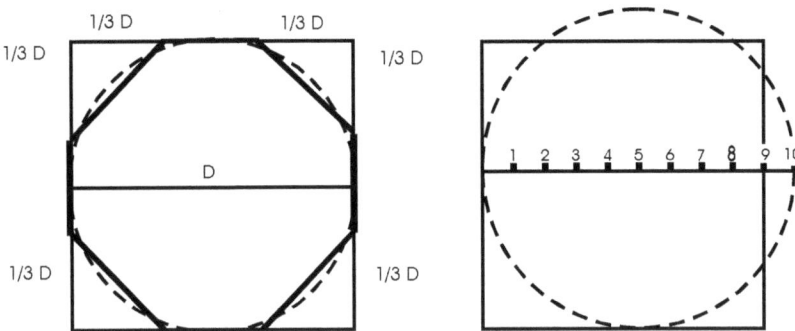

Mit *Ahmes´* Rezept ergibt die ägyptische Näherung durch ein 8-Eck :

$$(64/81) \, D^2 = (\pi/4) \, D^2 \qquad\qquad \pi \approx 3{,}16$$

Zur Quadratur des Kreises setzt *Ahmes* die Seitenlänge eines Quadrates gleich 9/10 des Kreisdurchmessers.

$$\text{Fläche} = 0{,}81 \, D^2 \equiv \text{Fläche}_O = \pi \, D^2 / 4 \qquad \pi \approx 4 \cdot 0{,}81 = 3{,}24$$

Im Ersten Buch der *Könige,* Kapitel VII, 23 (Bibel aus dem Jahre 1864) findet man bezugnehmend auf den Tempelbau des Salomo um 950 v.Chr. folgende Aussage :

Und er machte ein Meer (gemeint ist ein Wasserbecken), *gegossen, zehn Ellen weit, von einem Rande zum andern, rund umher, und fünf Ellen hoch, und eine Schnur dreissig Ellen lang war das Maß rings um.*

Das ergibt $\pi = 3$

3.1415926535897932384626433832795028841971693993

Um Archimedes

Geometrie ist die beste Übung, der man Mußestunden
weihen kann (könne).

Plato

Zuerst wird Wissen durch Erfahrung erworben, dann
wird es eingesetzt um neue Erfahrung zu gewinnen.
Wenn schließlich das Wissen kulminiert entsteht Wissenschaft,
die wiederum zu neuem Wissen führt und somit die Menschheit
bereichert.

Unbekannt

3.141592653589793238462643383279502884197169399 3

Archimedes (287-212 v.Chr.) entwickelte die erste mathematische Analyse und einen damit verbundenen Algorithmus zur Berechnung eines Näherungswertes für π. Archimedes´ Überlegungen basierten auf dem 12. Buch von *Euklid* mit dessem wichtigsten Theorem über die *ganze Meßbarkeit des Kreises*.

Demonstration Nr. 7 : *Das Verhältnis der Umfänge zweier regelmäßiger Vielecke mit gleicher Seitenzahl ist gleich dem Verhältnis der Radien ihrer Um- und Inkreise.*

Euklid schuf die Theorie, Archimedes den Algorithmus für die Berechnung von π zu jeder gewünschten Genauigkeit. Sein Algorithmus basiert auf der Tatsache, dass der Umfang eines regulären Polygons mit n Seiten kleiner ist als der Umfang des Umkreises, jedoch größer als der Umfang des Inkreises. Wenn man n groß genug annimmt, nähern sich die Umfänge der Um- und Inkreise immer mehr *einem* Wert an.

Diese Methode zur Bestimmung von Grenzwerten, wie zum Beispiel den Wert für π, war ein erster großer Schritt und damit die Grundidee einer Integralrechnung. Das Ziehen von Quadratwurzeln war eine Voraussetzung für die Rechenmethode zur Bestimmung von π durch Archimedes.

Theon von Alexandria entwickelte eine bemerkenswerte Differential-Methode zur Quadratwurzelbestimmung aus

$$(x + dx)^2 = x^2 + 2x * dx + (dx)^2$$

mit $dx \ll x$ setzte er $\qquad (x + dx)^2 = x^2 + 2x * dx$ oder

$$dx = [\, (x + dx)^2 - x^2 \,] / 2x$$

Um eine Quadratwurzel A zu bestimmen wird ein Start-Schätzwert a eingeführt. Der Korrekturwert dx wird dann nach jeder Iteration zu einem neuen Wert für a addiert.

$$dx = (A - a^2) / 2a$$

Beispiel : $\qquad$ A = 2 $\qquad$ und $\qquad$ a = 1.4

$\qquad\qquad dx_1 = 0.0142 \qquad$ damit wird $\qquad$ a = 1,4142
$\qquad\qquad dx_2 = 0.000013562 \qquad$ damit wird $\qquad$ a = 1,414213562

3.14159265358979323846264338327950288419716939 93

Bereits in Babylon wurde zur Berechnung der Quadratwurzel folgende iterative Formel benützt :

$$a_1 = 0.5 * (a_0 + A/a_0) \qquad\qquad a_{n+1} = 0.5 * (a_n + A/a_n)$$

Dabei ist A die Zahl aus der die Wurzel gezogen werden soll;
a_0 ist der 1. Schätzwert für die folgende Iteration.

Beispiel :   A = 2   d.h. gesucht ist $\sqrt{2}$ $a_0 = 1,4$

$a_1 = 1,4142$

$a_2 = 1,414213563$ (!)

Sollwert = 1,414213562370950...

Der Autor hat diese alte Formel zur Berechnung von Wurzeln höherer Ordnungen erweitert; nach Durchsicht der Literatur konnte eine Bestätigung dafür im Näherungsverfahren nach Newton gefunden werden.

Gesucht ist $\sqrt[b]{A}$. Man beginnt wie oben mit einem Schätzwert a_0 .

$$a_{n+1} = \frac{1}{b}\{(b-1)\,a_n + \frac{A}{a_n^{b-1}}\}$$

Beispiel :   A = 10 ; b = 5 ;   d.h. gesucht ist $\sqrt[5]{10}$: $a_0 = 2$

$a_1 = 1,725$

$a_2 = 1,6058$

$a_3 = 1,58544$

$a_4 = 1,5848935$

$a_5 = 1,584893192...$

Sollwert = 1,584893192...

Zur Lösung der Nullstellengleichung $f(x) = 0$ verfährt das Newton-Verfahren nach der

Vorschrift $$x_{n+1} = x_n - \frac{f(x_n)}{f'(x_n)} \qquad (n = 0,1,2,3...;\ x_0\ gegeben)$$

Zum Beispiel für $f(x) = x^b - A = 0$ wird $f'(x) = n\,x^{n-1}$, und

$$x_{n+1} = \frac{1}{b}\left\{(b-1)\,x_n + \frac{A}{x_n^{b-1}}\right\} \qquad \text{ist damit ein Spezialfall des Newton-Verfahrens.}$$

3.1415926535897932384626433832795028841971693993

Zur Berechnung des Kreisumfangs begann *Archimedes* mit einem Sechseck, und ging mit fortschreitender Verdopplung der Seiten bis zu einem Vieleck mit 96 Seiten. Als erster Mensch in der Geschichte der Mathematik benützte er ein Rechenkonzept, das von einer Rechenmethode mit einem entsprechenden Resultatswert zu einem Ergebnis mit „Grenzwerten" überging.
Archimedes´ Polygon-Methode blieb bis zur Mitte des 17.Jahrhunderts unübertroffen.

Die Berechnungsmethode kann man mit zwei verschiedenen Ansätzen darstellen.
   (1)   mit Hilfe des Pythagoras-Ansatzes $a^2 + b^2 = c^2$ und des Halbwinkelsatzes
   (2)   unter Verwendung der heute zur Verfügung stehenden *sin* und *tan* Funktionen

Archimedes benützte ursprünglich die erste Methode für die Darstellung der Vervielfältigung von regulären Polygonen.

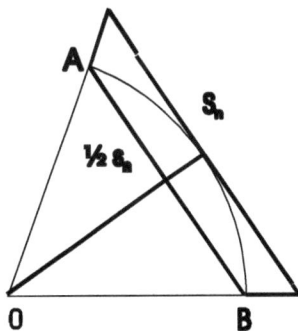 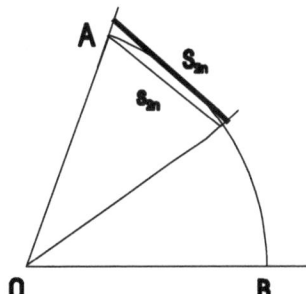

Für die Berechnung eines einbeschriebenen Vielecks gilt für die Seitenhalbierung die Formel:

$$S_{2n} = \sqrt{2 - \sqrt{4 - s_n^2}}$$

Für das umschriebene Vieleck gilt für die Seitenverdoppelung:

$$S_{2n} = 2\sqrt{\frac{2 - \sqrt{4 - s_n^2}}{2 + \sqrt{4 - s_n^2}}}$$

Die Seitenlänge S_n=FE des ursprünglichen umschriebenen Vielecks ergibt sich aus dessen einbeschriebener Seite s_n=AB

$$S_n = 2\,\frac{s_n}{\sqrt{4 - s_n^2}}$$

3.1415926535897932384626433832795028841971693993

Für einbeschriebene Vielecke ergibt sich als Beispiel folgende Entwicklung :

$$S_{4n} = \sqrt{2 - \sqrt{2 + \sqrt{4 - S_{2n}}}}$$

$$S_{8n} = \sqrt{2 - \sqrt{2 + \sqrt{2 + \sqrt{4 - S_n^2}}}}$$

$$S_{16n} = \sqrt{2 - \sqrt{2 + \sqrt{2 + \sqrt{2 + \sqrt{4 - S_n^2}}}}} \qquad \text{und so weiter.}$$

Zur Bestimmung eines Näherungswertes für π gilt der Ansatz

$$\pi = \frac{\text{Polygonumfang}}{\text{Kreisdurchmesser}}$$

Beginnt man mit einem Quadrat (n = 4) erhält man beispielsweise für ein Sechzehneck

$$\pi = \frac{16}{2} \sqrt{2 - \sqrt{2 + \sqrt{2}}} = 3{,}1214\ldots$$

Mit einem Taschenrechner oder PC läßt sich ein Näherungswert π für ein einbeschriebenes 2048-Eck mühelos bestimmen. Für diesen Fall erhält man

$$\pi = \frac{2048}{2} \sqrt{2 - \sqrt{2 + \sqrt{2 + \sqrt{2 + \sqrt{2 + \sqrt{2 + \sqrt{2 + \sqrt{2 + \sqrt{2}}}}}}}}} = 3{,}14159\ldots$$

Dieser Ansatz ist immerhin über 22 Jahrhunderte alt und geht, wie schon oben erwähnt, auf Archimedes zurück. Bei dieser Methode muss man Wurzeln von Wurzeln von Wurzeln von Wurzeln von ... berechnen. Jede Verdopplung der Polygon-Seitenzahl bringt ein weiteres Wurzelzeichen. Das Rechenergebnis nähert sich nun mit jeder Folge monoton dem Wert π und bei jedem Schritt wird der Fehler der Annäherung an π kleiner. Allgemein gilt, der Ausdruck

$$2\pi = 2^k \sqrt{2 - \sqrt{2 + \sqrt{2 + \ldots}}} \qquad \text{enthält } k-1 \text{ ineinandergeschachtelte}$$

Quadratwurzeln

3.141592653589793238462643383279502884197169 3993

Die zweite Methode mit Hilfe von Kreis-Funktionen für ein gleichseitiges *Vieleck n* ergibt

$$\alpha = 360/2n = 180/n$$

$$\sin \alpha = u/r \qquad \tan \alpha = v/r$$

$$u = r \bullet \sin \alpha \qquad v = r \bullet \tan \alpha$$

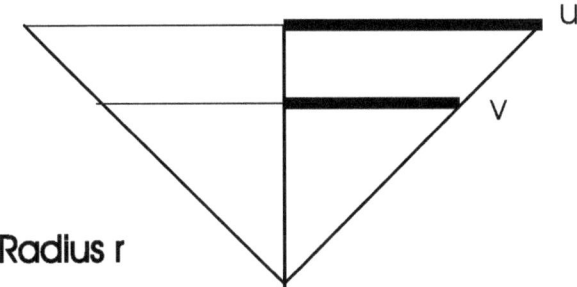

Radius r

Umfang des einbeschriebenen Vielecks $\angle \pi \angle$ Umfang des umbeschriebenen Vielecks

$$r \bullet 2 \bullet n \bullet \sin(180/n) \angle \pi \angle r \bullet 2 \bullet n \bullet \tan(180/n)$$

Archimedes´ Näherungs-Lösung für π ließe sich leicht verbessern. Unter Verwendung des harmonischen und geometrischen Mittelwertes ergäbe sich mit a=Umfang des ein- und b=Umfang des umbeschriebenen Vielecks:

$$\frac{2ab}{a+b} \qquad \sqrt{ab}$$

Die Iteration kann wie folgt angesetzt werden :

$$a_{n+1} = \frac{2\,a_n\,b_n}{a_n+b_n} \qquad b_{n+1} = \sqrt{a_{n+1}\,b_n}$$

Der iterative Prozess zur Berechnung von π beginnt mit einem in einem Kreis mit dem Radius 0,5 einbeschriebenen und umbeschriebenen Sechseck. Damit wird

$$a_0 = 2\sqrt{3} \qquad \text{und} \qquad b_0 = 3$$

wobei a_0 gleich dem Schätzwert für den Umfang des umbeschriebenen und b_0 dem Umfang des in einem Kreis einbeschriebenen Sechsecks entspricht.
Entsprechend ist a_n die Länge des umbeschriebenen $6*2^n$ Polygon und b_n die Länge des einbeschriebenen $6*2^n$ Polygon in bzw. um einen Kreis mit dem Radius 0,5 .

3.14159265358979323846264338327950288419716939 93

Eine Fehleranalyse $a_{n+1} - b_{n+1}$ zeigt, dass der Fehler zwischen den beiden Werten mit jeder Iteration sich annähernd um den Faktor 4 verringert.

Mit r = 0.5 ergeben sich folgende Resultate :

SeitenZahl	Umfang U	Umfang I	π
n	n sin(360/2n)	n tan(360/2n)	(U + I) / 2
4	2,8284	4,0000	3,4142
6	3,0000	3,4641	3,2320
12	3,1058	3,2153	3,1606
24	3,1326	3,1596	3,1461
48	3,1393	3,1460	3,1427
96	3,1410	3,1427	3,1418
1536	3,14159046	3,14159703	3,14159375

Archimedes hatte damals noch keine vielstelligen Sinus- und Tangenstabellen. Er rechnete mit Hilfe des Pythagoras-Satzes $a^2 + b^2 = c^2$ und dem Halb-Winkelsatz. Die erreichte Genauigkeit ist jedoch beeindruckend.

Er benützte ein Polygon von 96 Seiten und berechnete für π einen Bereich von

$$3 \, ^{10}/_{71} < \pi < 3 \, ^1/_7 = 3{,}140845 < \pi < 3{,}142857$$

Mit der Berechnung eines arithmetischen Mittelwertes hätte Archimedes folgenden Wert für π finden können :

$$\pi_m = (a + b) / 2 = (3{,}140845 + 3{,}142857) / 2 = 3{,}141851$$

Im Jahre 1593 berechnete Viete mit der Archimedes-Methode unter Verwendung eines Polygons mit 393 216 Seiten π zu folgenden Grenzwerten :

$$3{,}1415926535 < \pi < 3{,}1415926537$$

Damit ergäbe sich ein Mittelwert von

$$\pi_m = (3{,}145926535 + 3{,}141592637) / 2 = 3{,}1415926536$$

der auf 8 Stellen genau ist.

In den Jahrhunderten nach Archimedes gab es ein Reihe von bedeutenden Mathematikern, keiner brachte jedoch eine wesentliche Verbesserung oder neue Rechenmethode für π.

3.1415926535897932384626433832795028841971693993

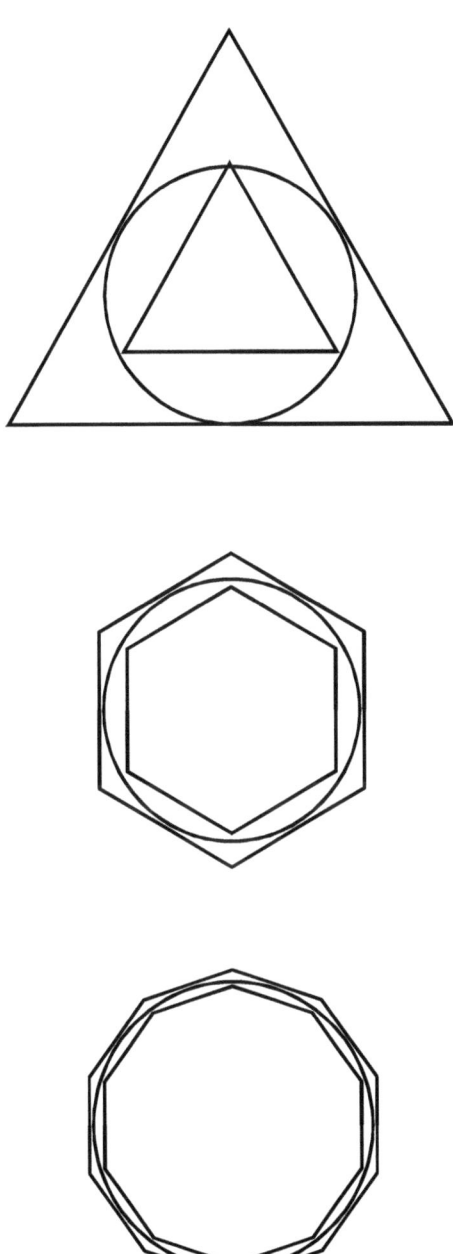

3.141592653589793238462643383279502884197169399 93

Ptolemäus (ca. 150 n.Chr.) lebte lange in Alexandria und befasste sich dort mit vielen Fragen der Mathematik und verwandten Gebieten. Als erfolgreicher Astronom erforschte er die Problematik der Lichtausbreitung.
Er benützte den Wert

$$\pi = 3 \, ^{17}/_{120} = 3{,}14166...$$

Ptolemäus beschrieb drei Methoden, um Flächen und Konturen auf einer Kugeloberfläche in einer ebenen Fläche darzustellen; dies gab die Grundlage für die Projektionsgeometrie zur geographischen Kartenherstellung.

Aus dem dritten Jahrhundert nach der christlichen Zeitrechnung gibt es Hinweise auf *Chung Hing*, der in China für

$$\pi = \sqrt{10} = 3{,}1622 \qquad \text{anwendete.}$$

Um die gleiche Zeit benützte *Wang Fau*

$$\pi = \, ^{142}/_{45} = 3{,}1555...$$

Literatur aus dem Jahr 265 n.Chr. beruft sich auf *Lin Hui* , der für

$$\pi = 3{,}14 \qquad \text{verwendet haben soll.}$$

Um 480 n.Chr. findet man bei Tsu Chung-Chi , der als kaiserlicher Experte für Kanäle und Bewässerungsfragen eingesetzt war, einen erstaunlichen Grenzwert von

$$3{,}1415926 \, \angle \, \pi \, \angle \, 3{,}1415927$$

Es ist nicht bekannt, wie Tsu Chung-Chi zu diesen Werten gekommen ist. Vielleicht sind diese Werte durch eine Methode, die aus Japan stammt (Zeit nicht bekannt), beeinflusst worden.

3.14159265358979323846264338327950288419716 93993

Diese sich daraus entwickelnde sogenannte *japanische Methode* ist bereits um 1700 in ihrem Aufbau dem Denken von Archimedes sehr ähnlich. Ein Kreis wird in schmale rechteckige Streifen zerlegt und damit eine „Flächen-Analyse" durchgeführt.

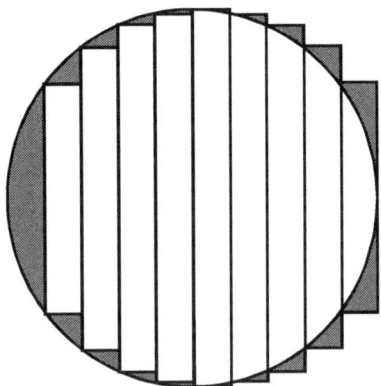

Die Fläche des Kreises liegt zwischen dem Flächen-Wert der inneren (=kürzeren) und dem der äußeren (=längeren) Feldstreifen. Aus **n** - Streifen kann man die Grenzwerte in heutiger Formelschreibweise mit folgenden Algorithmen definieren :

$$\pi_{aussen} \approx \frac{4}{n^2}\left[n + \sum_{r=1}^{n}\sqrt{n^2 - r^2}\right] \qquad \pi_{innen} \approx \frac{4}{n^2}\left[\sum_{r=1}^{n}\sqrt{n^2 - r^2}\right]$$

n	Grenzwerte für π
5	3,04 ± 0.40
10	3,10 ± 0.20
20	3,12 ± 0.10
100	3,14 ± 0.02
500	3,14 ± 0.004
1000	3,141 ± 0.002

3.1415926535897932384626433832795028841971693993

Während des *goldenen* Zeitalters der klassischen Antike im geographischen Bereich zwischen Alexandria (im heutigen Ägypten), Athen und Syrakus wurde das mathematische Interesse speziell auf die Entwicklung der Geometrie gerichtet. Während dieser klassischen griechischen Periode wurden die alten Griechen wahre Meister in dieser Disziplin, und entwickelten dabei fast die gesamte klassische Geometrie. Ihr Beitrag zur Algebra dagegen war mangels einer geeigneten Sprache mit entsprechenden Symbolen und Regeln für den Gebrauch solcher Symbole gering. Dies kann ihrem statischen Weltbild zugeschrieben werden, in dem geometrischen Größen ein fest gelegter Wert entsprach; die Verwendung einer Variablen x , die bei der Suche einer mathematischen Lösung einen bestimmten oder unendlichen Wertebereich durchlaufen kann, war ihnen fremd. Besonders die Möglichkeit der Verwendung von Unendlich *(∞)* wurde abgelehnt. Zum Ausdrücken von Beziehungen zwischen *veränderlichen* Größen braucht man die Sprache der Algebra und die war eben zu jener Zeit nur in einfachen Ansätzen vorhanden.

Aus dieser Zeit stammt neben der Würfelverdopplung und Dreiteilung eines Winkels ein anderer Klassiker der Mathematikgeschichte, nämlich das Problem der

Quadratur des Kreises

nur mit Zirkel und Lineal. Quadratur in diesem Zusammenhang bezieht sich auf die Flächenberechnung eines Quadrates oder Rechteckes, dessen Wert genau der Fläche eines bestimmten Kreises gleich sein soll.

Da ein Kreis mit dem Radius r = 1 den Flächeninhalt $r^2\pi$ hat, bedeutet die Quadratur dieser Kreisfläche die Konstruktion eines Quadrates mit der Seitenlänge $\sqrt{\pi}$. Diese Strecke ist natürlich nur dann konstruierbar, wenn eine Länge mit dem Wert π konstruierbar ist.

Da eine solche Aufgabe die zeichnerische Lösung von quadratischen und kubischen Gleichungen verlangt, ist dies mit Zirkel und Lineal *nicht* möglich. Erst 1882 beweist F. Lindemann die Transzendenz von π , indem er zeigt, daß π nicht Wurzel einer algebraischen Gleichung mit rationalen Koeffizienten sein kann. Wantzel hatte 1837 bewiesen, daß die Dreiteilung des allgemeinen Winkels mit Zirkel und Lineal unmöglich ist.

In der Zeit der klassischen Antike konstruierte *Hippias von Elis* (um 420 v.Chr) eine Kurve, die wegen einer möglichen Verwendung zur Quadratur des Kreises und auch zur Dreiteilung eines Winkels den Namen *Quadratix* erhielt.

Bei der Konstruktion der Quadratix wird die Quadratseite OA schrittweise mit gleicher Anzahl von Schritten parallel verschoben. Gleichzeitig wird die Strecke OR mit gleichbleibenden Schritten um O von OA in die Lage OB gedreht. Beide Bewegungenstarten und enden gleichzeitig. Die jeweiligen Schnittpunkte der Radien und entsprechenden Parallelen bilden die Punkte (x,y) der Quadratix.

3.14159265358979323846264338327950288419716939937

Die x bzw. y Werte ergeben sich wie folgt :

n entspricht dabei der Anzahl der Parallelen und Winkel .

$i = 1 ...n$ Radius = 1

$y_n = (1/n)\, i$ $\alpha = (90/n)\, i$

$x = y / \tan \alpha$

Allgemeine Quadratix

n=Anzahl der Parallelabschnitte und Winkel

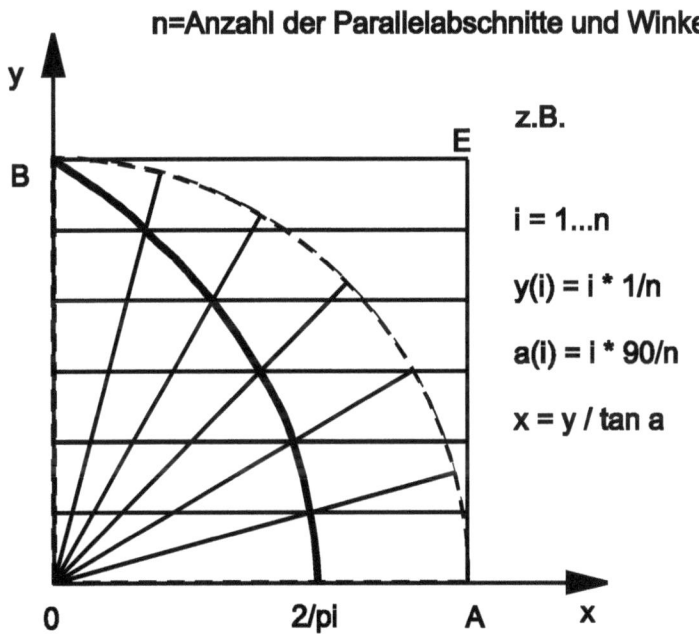

z.B.

$i = 1...n$

$y(i) = i * 1/n$

$a(i) = i * 90/n$

$x = y / \tan a$

Mit *lim(α →0) wird* $\underline{OS}$ = 2/π und damit $\underline{OF}$ = π/2. Dadurch sollte nach den altgriechischen Gelehrten eine Kreisquadratur möglich sein. Damit kann man mit dem Strahlensatz zu jedem beliebigen Kreisradius $\underline{OR}$ den vierten Teil des Umfangs $\underline{OQ}$ = π/2 $\underline{OR}$ konstruieren.

Das Rechteck π $(\underline{OR})^2$ = {(π/2 $\underline{OR}$} 2$\underline{OR}$ = {$\underline{OF}$ · $\underline{OR}$} 2 $\underline{OR}$ ergäbe dann die Quadratur.

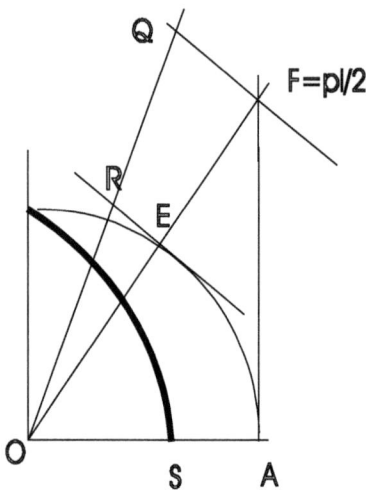

Zur Dreiteilung des Winkels *OAR* teilt man die Senkrechte $\underline{TP}$ des Schnittpunktes von $\underline{OR}$ mit der Quadratix in drei Teile. Durch diese Teilpunkte zieht man Parallelen zu $\underline{OA}$ und verbindet den Ursprung *O* mit jenen Schnittpunkten der Quadratix.

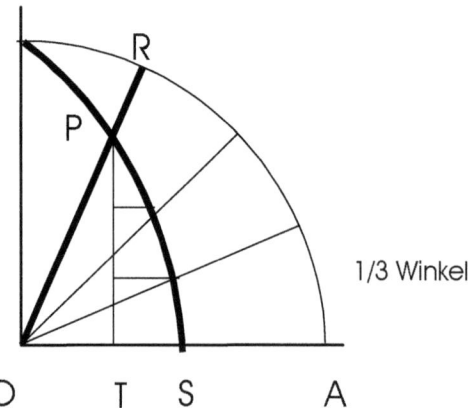

3.14159265358979323846264338327950288419716939993

Während der Blütezeit des römischen Weltreiches und seines Nachfolgers, des Christentums, wurde die klassische Wissenschaft und mathematische Entwicklung praktisch zum Erliegen gebracht. Nur die Sprache des Schwertes und die Sprache der Kirche waren akzeptiert; theoretische und auch praktische Forschung wurden verhindert.

Dieses dunkle Mittelalter begann bereits mit dem Niederbrennen der Bibliothek der großen Universität in Alexandria durch den römischen Feldherrn Caesar (48 v.Chr.). Um 1200 n.Chr. verbrannten christliche Kreuzritter in Konstantinopel 100000 meist islamische Bücher, unter denen sich auch bedeutende mathematische Originale befanden. In fanatischem Eifer wurde alles Nicht-Christliche zerstört.
Noch im Jahre 1633 wurde dem 70 jährigen *Galileo Galilei* durch die Inquisition die Folter angedroht, bis er öffentlich seine auf Kepler aufgebauten Forschungsergebnisse, widerrief, die speziell besagten, dass sich die Erde um die Sonne bewege. Zusätzlich wurde er zu lebenslänglichem Kerker verurteilt.

Erst der Drang der Menschen und Völker nach draußen und die Suche nach neuen Ländern (und Gold) brachte eine Veränderung. In der arabischen Welt erlebte die Entwicklung der Mathematik eine Hochkonjunktur. Die arabische Algebra und Geometrie und das damit verbundene allgemeine mathematische Denken drangen ab dem 12. Jahrhundert über Spanien, Portugal, Italien und Byzanz, und über die Handelswege Nordafrikas und den Vorderen Orient nach Europa vor.

Die Einführung der sogenannten „arabischen" Ziffern und des Symbols „Null", sowie eine neue Schreibweise der mathematischen Formeln mit einer leichter zu verstehenden Darstellung mathematischer Aufgaben brachte den wirklichen Durchbruch für eine neue Mathematik. Zusammen mit der Erfindung des Buchdruckes mit wiederverwendbaren Buchstaben und Ziffern half dies bei der Verbreitung von Schriften (Gutenberg-Bibel, 1456) und anderen Aufzeichnungen. Das Monopol der Kirche, die handschriftliche Vervielfachung von Dokumenten, Erlassen und Bücher durch Mönche, war gebrochen.

3.141592653589793238462643383279502884197169399

Zu Unendlich

Gott ist absolut Unendlichkeit, der Mensch
ist naturbedingt endlich, kann insofern an der
Unendlichkeit nicht teilhaben, und diese schon
gar nicht begreifen.

Thomas von Aquin

Eine Zahlenfolge, die stetig ansteigt, hat entweder
einen Limes oder geht gegen unendlich.

Hans Lauwerier (1965)

3.141592653589793238462643383279502884197169399

Die erste erwähnungswürdige Aktivität auf dem Gebiete der Berechnung von π im Mittelalter kam von *Francois Vieté* (1540-1603), der während der Vertreibung der Hugenotten von Frankreich nach England floh. Seine Methode basiert im Grunde genommen auf der Beziehung von Flächen eines n-seitigen zu einem 2n-seitigen Vieleck.

Mit
α = *halber Winkel des n-seitigen Vielecks = Winkel des 2n-seitigen Vielecks*
wird
$$F(n) = n\, r^2 \cos(\alpha)\, \sin(\alpha)$$
$$F(2n) = n\, r^2 \sin(\alpha)$$

und damit
$$\frac{F(n)}{F(2n)} = \cos\alpha$$

Bei weiterer Verdopplung der Seiten ergibt sich mit

$$\frac{F(n)}{F(4n)} = \frac{F(n)}{F(2n)} * \frac{F(2n)}{F(2^2 n)} = \cos\alpha * \cos\frac{\alpha}{2}$$

Bei i-maliger Verdopplung wird
$$\frac{F(n)}{F(2^i n)} = \cos\alpha * \cos\frac{\alpha}{2} * \cos\frac{\alpha}{2^2} * \ldots \cos\frac{\alpha}{2^i}$$

mit *i* gegen ∞ ist $\quad lim\,(F(2^i\, n)) = \pi\, r^2 \quad$ und

$$\pi = \frac{1/2\; n \sin 2\alpha}{\cos(\alpha/2^1)\cos(\alpha/2^2)\cos(\alpha/2^3)\ldots\cos(\alpha/2^n)}$$

Vieté begann mit $\alpha = 45^\circ$, das einem regelmäßigen Viereck (Quadrat) entspricht, und

$$\cos\left(\frac{\alpha}{2^0}\right) = \sqrt{\frac{1}{2}}$$

$$\cos\left(\frac{\alpha}{2^1}\right) = \sqrt{\frac{1}{2} + \frac{1}{2}\sqrt{\frac{1}{2}}}$$

3.14159265358979323846264338327950288419716939 93

$$\cos\left(\frac{\alpha}{2^2}\right) = \sqrt{\tfrac{1}{2} + \tfrac{1}{2}\sqrt{\tfrac{1}{2} + \tfrac{1}{2}\sqrt{\tfrac{1}{2}}}}$$

$$\cos\left(\frac{\alpha}{2^3}\right) = \sqrt{\tfrac{1}{2} + \tfrac{1}{2}\sqrt{\tfrac{1}{2} + \tfrac{1}{2}\sqrt{\tfrac{1}{2} + \tfrac{1}{2}\sqrt{\tfrac{1}{2}}}}}$$

Als Näherungswert für π bekommt man dann

$$\pi = \frac{2}{\sqrt{\tfrac{1}{2}} * \sqrt{\tfrac{1}{2} + \tfrac{1}{2}\sqrt{\tfrac{1}{2}}} * \sqrt{\tfrac{1}{2} + \tfrac{1}{2}\sqrt{\tfrac{1}{2} + \tfrac{1}{2}\sqrt{\tfrac{1}{2}}}} * \sqrt{\tfrac{1}{2} + \tfrac{1}{2}\sqrt{\tfrac{1}{2} + \tfrac{1}{2}\sqrt{\tfrac{1}{2} + \tfrac{1}{2}\sqrt{\tfrac{1}{2}}}}} * \ldots}$$

Dies war ein analytischer Ansatz einer unendlich langen Kette von algebraischen Operationen *ad infinitum*, wie es schon von Archimedes im Grunde genommen dargestellt war. Vieté war jedoch unter den Ersten, die die rechnerische Analyse einer solchen Reihe praktisch durchführten. Er berechnete π aus einem Polygon mit 393216 Seiten und erreichte neue Grenzwerte wie folgt :

$$3{,}1415926535 \quad \angle \quad \pi \quad \angle \quad 3{,}1415926537$$

Man sagt, dass Vieté diese Grenzwerte nicht mit seiner eigenen neuen Formel berechnet hat, sondern die alte Archimedes-Methode benützte. Seine oben gezeigte Formel war jedoch ein Meilenstein in der Mathematik.

Viele Jahre lang hatte man versucht, π durch einen Bruch von ganzen Zahlen darzustellen.

25/8	Babylon / Mesopotanien
256/81	Rhind Papyrus Rollen
223/71...22/7	Archimedes
377/120	Ptolemäus
142/45	Wang Fau
355/113	Adriaan Anthoniszoon

Im Jahre 1767 zeigte *Lambert*, dass π keine rationale Zahl ist, und deshalb nicht durch einen Bruch zweier Ganzzahlen dargestellt werden kann.

3.14159265358979323846264338327950288419716 93993

Ein besonderer Fortschritt in der Entwicklung von Algorithmen zur Berechnung von π kam mit der Erfindung der binomischen Reihe und der Entwicklung von allgemeinen Potenzreihen. *Blaise Pascal* (1623-1662), ein brillianter Mathematiker, legte die Grundlagen für die Infinitesimal-Rechnung und damit neue Wege für die Berechnung von π. Er entdeckte bereits mit 13 Jahren das PASCALsche Zahlen-Dreieck, bei dem die erste und letzte Zahl in jeder Zeile gleich EINS ist; jede andere Zahl in diesem Dreieck ergibt sich als Summe der beiden links oberhalb und rechts oberhalb von ihr stehenden Zahlen.

```
                    1
                 1     1
              1     2     1
           1     3     3     1
        1     4     6     4     1
     1     5    10    10     5     1
  1     6    15    20    15     6     1
1     7    21    35    35    21     7     1
.   .   .   .   .   .   .   .   .   .   .   .
```

Es gilt hier anzumerken, dass die Zahlenanordnung des Pascalschen Dreiecks schon im Jahre 1303 vom Chinesen *Chu Schi Kei* veröffentlicht wurde. Das schmälert Pascals Verdienste 320 Jahre später in keiner Weise.

Die Zahlenwerte dieses Pascalschen Dreiecks werden heute als die sogenannten Binomialkoeffizienten bezeichnet. Im binomischen Satz für die Potenz einer Summe oder Differenz gelten folgende Formeln :

$$(a+b)^n = a^n + na^{n-1}b + \{n(n-1)/2!\}a^{n-2}b^2 + \{n(n-1)(n-2)/3!\}a^{n-3}b^3 + \ldots$$
$$\ldots + nab^{n-1} + b^n ;$$

Zur Abkürzung der Schreibweise sind spezielle Koeffizienten, die *Binomialkoeffizienten,* in heutiger modernen Darstellung üblich .

$$(a+b)^n = \binom{n}{0}a^n + \binom{n}{1}a^{n-1}b^1 + \binom{n}{2}a^{n-2}b^2 + \ldots + \binom{n}{k}a^{n-k}b^k + \ldots + \binom{n}{n}b^n$$

3.141592653589793238462643383279502884197169399 3

Im Jahre 1658 befasste sich Pascal in seiner *Traite des sinus du quart de cercle* (Abhandlung der Sinus-Funktion in einem Quadranten des Kreises) mit dem Problem, die Fläche, die durch die Kurve des Kreises (über die Kreis-Funktion) begrenzt ist, rechnerisch zu ermitteln. Hierbei benützt Pascal folgende Dreieck-Definition, um eine Funktion (x) gewissermaßen zu integrieren.

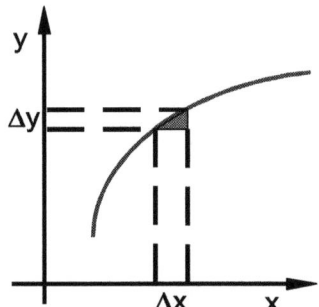

Leibniz erklärte, nachdem er dieses Dreieck zum ersten Mal gesehen hatte, dass diese Methode für alle und jede Kurvenfunktion anwendbar sei. Dies war sicherlich einer der Schritte, die später zur Entwicklung der Infinitesimal- und Integralrechnung führte. Weitere Analysen brachten Pascal zu der Formel (in heutiger Schreibweise ausgedrückt):

$$integral \ (\ x^n \ dx \ ) \ = \ x^{n+1} \ / \ (n+1)$$

John Wallis entwickelte und veröffentlichte in seiner „*Arithmetica Infinitorum*" im Jahre 1655 seine berühmte Formel, die das Produkt einer bestimmten unendlichen Zahlenkette darstellt. Dabei führt die Gleichung

$$\sin x = x \prod_{n=1}^{\infty} \left(1 - \frac{x^2}{n^2 \pi^2} \right)$$

zu folgendem interessanten Ergebnis :

$$1 = \frac{\pi}{2} \prod_{n=1}^{\infty} \left(1 - \frac{1}{(2n)^2} \right) = \frac{\pi}{2} \prod_{n=1}^{\infty} \left(\frac{(2n)^2 - 1}{(2n)^2} \right)$$

Hieraus ergibt sich die Formel von Wallis

$$\frac{\pi}{2} = \frac{(2*2)(4*4)(6*6)..}{(1*3)(3*5)(5*7)..} \cdots \frac{2n}{(2n-1)} * \frac{2n}{(2n+1)} \qquad \frac{\pi}{2} = 2 \prod_{n=1}^{\infty} \left(1 - \frac{1}{(2n+1)^2} \right)$$

3.1415926535897932384626433832795028841971693993

Im 16. und 17. Jahrhundert gab es viele Versuche mit algebraischen und geometrischen Reihen. In den Jahren 1665-66 entdeckte *Newton* die binomische Reihe. Etwa gleichzeitig publizierte *James Gregory* in seiner „*exercitationes geometricae*" die Potenzreihen-entwicklung für logarithmische Werte. Etwas später, im Jahre 1671, fand und veröffentlichte Gregory die Potenzreihe für *tan x* und die berühmte *arctan x* Lösung mit der unendlichen Summen-Potenz-Reihe für die Umkehrung des Tangens, die Reihe für die Arcustangens-Funktion.

$$arctan\ x\ =\ x^1/1\ -\ x^3/3\ +\ x^5/5\ -\ x^7/7\ +\ -...$$

Nach der Entdeckung der allgemeinen Potenzreihe für arctan durch Gregory, entwickelte auch *Leibniz* 1676 diese Reihe über seine Infinitesimal-Rechnung. Er setzte in diese Reihe für *x* den Wert *1*, und erhielt damit

$$\pi/4 = 1/1 - 1/3 + 1/5 - 1/7 + 1/9 - ... + R = \sum_{n=0}^{\infty} (-1)^n \, 1/(2n+1)$$

die sogenannte Leibniz-Gregory Reihe.

Für eine praktische Berechnung von π ist diese Potenz-Summen-Reihe jedoch nicht geeignet. Um zum Beispiel einen Genauigkeitsfehler von $(1-2) * 10^{-e}$ nicht zu über-schreiten, findet man, dass für $R < 1/(2k+1)$ der Wert für $k = 10^e$ wird. Mit anderen Worten, um 6 Dezimalstellen von π zu bestimmen, benötigt man 1 Million Werte der Leibniz-Gregory-Reihe. Selbst ein Supercomputer würde für 100 richtige Dezimalstellen viele Jahre benötigen.

Roy North entdeckte etwas erstaunliches, ja nahezu unglaubliches bei der Berechnung von π mit Hilfe der Leibniz-Gregory-Reihe. Wenn man 500 000 Glieder dieser Reihe berechnet, findet man eine Abweichung dieses Wertes von den tatsächlichen Nachkommastellen von π an einigen individuellen Stellen:

$$\pi_{500\,000} = 3,14159\ 06535\ 89793\ 24046\ 26433\ 83269\ 50288\ 41971\ 69393...$$

$$\pi\ \ \ \ \ = 3,14159\ 26535\ 89793\ 23846\ 26433\ 83279\ 50288\ 41971\ 69393...$$

Eine bis dahin unbekannte Beziehung zweier Summenformeln bewirkte diese Abweich-ung. Ausschlaggebend war dabei die Einwirkung von Eulerschen Zahlen. Es ist bemerkenswert, dass eine Teilsumme an einer Dezimalstelle falsch ist, jedoch an einer Anzahl von weiteren Stellen wieder richtig ist.

3.14159265358979323846264338327950288419716939 93

Ähnlich fanden *J. und P. Borwein* (1992) Ungereimtheiten bei der Berechnung der Zahl entsprechend der folgenden unendlichen Summe von

$$\pi_* = \left(\frac{1}{10^5} \sum_{-\infty}^{+\infty} e^{-n^2/10^{10}} \right)^2$$

Das Ergebnis dieser Berechnung stimmt mit mehr als 42 Milliarden Stellen mit π überein, ist aber dennoch nicht mit π gleich.

Zu Beginn des 18. Jahrhunderts, unter Anleitung des englischen Astronomen und Mathematikers *E. Halley*, errechnete *Abraham Sharp* durch Einsetzen von $x = 1/\sqrt{3}$ in die Gregory-Reihe 71 richtige Dezimalstellen von π :

$$\frac{\pi}{6} = \frac{1}{\sqrt{3}} \left(1 - \frac{1}{3*3^1} + \frac{1}{5*3^2} - \frac{1}{7*3^3} + ... \right)$$

Im Jahre 1696 berechnete *Newton* 15 richtige Stellen mit der Reihe
$$\pi = 3\sqrt{3} / 4 + 24(1/12 - 1/(5*2^5) - 1/(28*2^7) - 1/(72*2^9) - ...)$$

Diese Reihe entspricht prinzipiell einer *arcsin* Reihenentwicklung wie folgt
arcsin x = $x^1/1$ + (1/2)*$(x^3/3)$ + (1*3/2*4)*$(x^5/5)$ + (1*3*5/2*4*6)*$(x^7/7)$ + ...

Mit den verschiedenen Arcus-Funktionen und ihrer Potenzreihendarstellung lässt sich π über die Bogenmaßbeziehung eines Winkels mit Hilfe einer Reihe von Winkelwerten berechnen. (Bogenmaß = BM)
Zum allgemeinen Verständnis sind kurz folgende Beziehungen dargestellt.

$x = tan\ \alpha$ $\qquad\qquad$ $arctan\ x = \alpha$
Zum Beispiel ist
x = tan 45^0 = 1 $\qquad$ arctan 1 = 45^0 = $\pi/4$

Im Einheitskreis mit dem Radius $r = 1$ ist der Umfang dieses Kreises gleich 2π.
Der Gesamtwinkel eines Vollkreises ist 360^0 ; in der Geometrie wird hierfür mit 2π gerechnet. 45^0 Grad entsprechen dann eben $\pi/4$.
Teilwinkel wie π , $\pi/2$, $\pi/4$, $3\pi/4$ etc. eignen sich sehr gut zum Berechnen der Kreiszahl π über die erwähnten Beziehungen.

sin 30^0 = ½ $\qquad\qquad$ arcsin ½ $\qquad$ = $\pi/6$ (BM)
sin 45^0 = ($\sqrt{2}$)/2 $\qquad\qquad$ arcsin ($\sqrt{2}$)/2 = $\pi/4$ (BM)
sin 60^0 = ($\sqrt{3}$)/3 $\qquad\qquad$ arcsin ($\sqrt{3}$)/3 = $\pi/3$ (BM)

3.14159265358979323846264338327950288419716939933

$\cos 30^0 = (\sqrt{3})/2$	$\arccos (\sqrt{3})/2 = \pi/6$ (BM)
$\cos 45^0 = (\sqrt{2})/2$	$\arccos (\sqrt{2})/2 = \pi/4$ (BM)
$\cos 60^0 = \frac{1}{2}$	$\arccos \frac{1}{2} = \pi/3$ (BM)
$\tan 30^0 = 1/\sqrt{3}$	$\arctan 1/\sqrt{3} = \pi/6$ (BM)
$\tan 45^0 = 1$	$\arctan 1 = \pi/4$ (BM)
$\tan 60^0 = \sqrt{3}$	$\arctan \sqrt{3} = \pi/3$ (BM)

Potenzreihen für Arcus-Funktionen sind dabei

$$\arcsin x = \frac{x^1}{1} + \frac{1}{2}\frac{x^3}{3} + \frac{1*3}{2*4}\frac{x^5}{5} + \frac{1*3*5}{2*4*6}\frac{x^7}{7} + \ldots$$

$$\arctan x = \frac{x^1}{1}\frac{x^3}{3} + \frac{x^5}{5}\frac{x^7}{7} + \frac{x^9}{9}\frac{x^{11}}{11} + \ldots$$

Wie schon gezeigt, erlaubt die Potenzreihenentwicklung der arctan-Funktion mit x=1 eine relativ einfache Berechnung von π. Es ist jedoch möglich, mit Hilfe der arctan-Reihenentwicklung π erheblich effizienter zu berechnen, und zwar durch Anwendung einer Idee, die *John Machin* (1706), Professor der Astronomie an der Universität London entwickelte. Seine berühmte und sehr schnell konvergierende Formel heißt

$$\pi = 16\ arctan(1/5) - 4\ arctan(1/239)$$

Damit errechnete Machin noch im gleichen Jahr π auf 100 Dezimalstellen.
Durch die alternierenden Vorzeichen und die Verbindung abnehmender Werte der hintereinander folgenden Glieder liegt der gesuchte Wert als Grenzwert immer zwischen zwei aufeinanderfolgenden Teilsummen. Zum Reihenwert selbst bekommt man auch Information über die erreichte Genauigkeit. Diese Machin'sche Formel wurde bis vor kurzem verwendet, um mittels Computer π auf viele Stellen zu berechnen.

John Machin erreichte diese Formel mit Hilfe der Verdopplungsformel für $\tan 2\alpha$

$$\tan 2\alpha = \frac{2\tan\alpha}{1-\tan^2\alpha} \qquad\qquad \text{für } arctan(1/5) \text{ ergibt sich dann}$$

$$\tan 2\alpha = \frac{2*\frac{1}{5}}{1-\left(\frac{1}{5}\right)^2} = \frac{10}{25-1} = \frac{5}{12}$$

3.14159265358979323846264338327950288419716939 93

und

$$\tan 4\alpha = \frac{2\tan(2\alpha)}{1-\tan^2(2\alpha)} = \frac{2*5/12}{1-(5/12)^2} = \frac{120}{119} = 1 + \frac{1}{119}$$

Somit wird 4α = arctan (120/119) = 45.2397299 ...^{0} ,d.h. 4α wird nahezu gleich $\pi/4$. Mit anderen Worten, die Vervierfachung von α ergibt einen Winkel etwas größer als 45^0. Eine Differenzrechnung zeigt nun

$$\tan\left(4\alpha - \frac{\pi}{4}\right) = \frac{-1+\tan(4\alpha)}{1+\tan(4\alpha)} = \frac{1}{239}$$

und

$$\pi/4 = 4 * \arctan\ (1/5) - \arctan\ (1/239)$$

John Machin empfahl im Jahr 1706 eine allgemeine Darstellung um einen Arcustangens-Wert in zwei Summanden zu zerlegen. Setzt man $u = \tan \alpha$ und $v = \tan \beta$ in die Additionsformel für den Tangens, so ergibt sich

$$\arctan u + \arctan v = \arctan \frac{u+v}{1-uv}$$

Euler hat 1738 in die allgemeine Formel von Machin die Werte für $u = \frac{1}{2}$ und $v = 1/3$ eingesetzt und erhielt somit $(u + v) / (1 - uv) = 1$
und

$$\pi/4 = arctan\ \frac{1}{2} + arctan\ 1/3$$

Dabei ist

u = tan α = ½	α =	26,5650511...^{0}	= 0,462647608...
v = tan β = 1/3	β =	18,4349488...^{0}	= 0,321750554...

	α + β =	45^0 = π/4	= 0,785398163...

$$\pi = 4 * (\alpha_B + \beta_B) = 3,1415926535...(Bogenmaß)$$

Bei dieser Zerlegung von $\pi/4$ in zwei Summanden u und v sind die Tangenswerte zwei Stammbrüche 1/m und 1/n . Nach dem Additionstheorem wird

$$\tan\frac{\pi}{4} = \tan(u+v) = \frac{\tan u + \tan v}{1-\tan u * \tan v} = \frac{1/m+1/n}{1-1/(m*n)} = \frac{m+n}{mn-1} = 1$$

3,141592653589793238462643383279502884197169399 3

d.h. $m + n = mn - 1$ oder $(m-1)(n-1) = 2$

Da m und n gleichberechtigt auftreten, gibt es nur die eine Lösung für ganze Zahlen:

$m = 2, n = 3$: $\pi/4 = \arctan(1/2) + \arctan(1/3)$

Da eine Verbesserung durch Zerlegung in zwei Summanden nicht möglich ist, ist eine Zerlegung in 3 oder mehr Summanden anzustreben. Man kann dabei jeden Stammbruch $1/m$ in zwei weitere Stammbrüche $1/m_1$ und $1/m_2$ aufteilen; sodann wird

$\arctan(1/m) = \arctan(1/m_1) + \arctan(1/m_2)$

und

$(m_1 - m)(m_2 - m) = m^2 + 1$

Man zerlegt $m^2 + 1$ in zwei ganzzahlige Faktoren f_1 und f_2 und setzt $m_1 - m = f_1$, $m_2 - m = f_2$, so wird

$m_1 = f_1 + m$ und $m_2 = f_2 + m$

So läßt sich $\arctan \frac{1}{2}$ weiter zerlegen ($1/m = \frac{1}{2}$ oder $m = 2$). Dann ergibt sich für

$m^2 + 1 = 5$ also wird $f_1 = 1$ und $f_2 = 5$
$m_1 = 1 + 2 = 3$ und $m_2 = 5 + 2 = 7$

Als Test errechnet man $\dfrac{1}{2} = \dfrac{1/3 + 1/7}{1 - 1/(3*7)}$ somit wird

$\pi/4 = (\arctan 1/3 + \arctan 1/7) + \arctan 1/3 = 2 \arctan 1/3 + \arctan 1/7$

Ebenso läßt sich $\arctan 1/3$ ($1/m = 1/3$ oder $m = 3$) weiterzerlegen. So ergibt sich

$m^2 + 1 = 10$ $f_1 = 2$ und $f_2 = 5$
$m_1 = 2 + 3 = 5$ und $m_2 = 5 + 3 = 8$

$\pi/4 = 2 \arctan(1/5) + \arctan(1/7) + \arctan(1/8)$

Wenn man dieses Verfahren immer weiter fortsetzt, werden die Stammbrüche immer kleiner und damit die Arcustangens-Reihen immer schneller konvergent. Dabei entstehen jedoch auch immer mehr Reihen. Aber von diesen können mehrere einander gleich werden, womit eine nummerische Auswertung leichter wird.

3.1415926535897932384626433832795028841971693993

Euler kannte bereits eine weitere Methode zur Zerlegung einer Arctan Reihe.

$$\arctan\left(\frac{1}{p}\right) = \arctan\left(\frac{1}{p+q}\right) + \arctan\left(\frac{q}{p^2+pq+1}\right)$$

Zum Beispiel wird für p=3 und q=1

$$\arctan(1/3) = \arctan(1/4) + \arctan(1/13)$$

Charles Dogson setzte in die Euler Formel $r = (1+p^2)/q$ und erreichte damit

$$\arctan\left(\frac{1}{p}\right) = \arctan\left(\frac{1}{p+q}\right) + \arctan\left(\frac{q}{p+r}\right)$$

Der schweizer Mathematikgelehrte *Leonhard Euler* (1707-1783) war nicht nur ein brillianter, sondern auch ein äußerst produktiver Mathematiker. Er veröffentlichte insgesamt 886 Bücher. Nahezu all seine Werke waren von fundamentaler Bedeutung. Weiterhin fand Euler eine neue Potenzreihenentwicklung für Arcustangens mit verbesserter Konvergenz.

$$\arctan x = \frac{y}{x}\left(1 + \frac{2}{3}y + \frac{2*4}{3*5}y^2 + \frac{2*4*6}{3*5*7}y^3 + ...\right) \quad \text{mit} \quad y = \frac{x^2}{1+x^2}$$

Damit, und mit seiner Formel $\pi = 20 \arctan(1/7) + 8 \arctan(3/79)$ berechnete er 20 Dezimalstellen in einer Stunde.

Euler entwickelte eine Vielzahl von unendlichen Reihen und Produkten für die Berechnung von π und π^2 :

$$\pi + 3 = \sum_{n=1}^{\infty} \frac{n2^n}{\binom{2n}{n}} \qquad\qquad \frac{1}{2} - \frac{\pi}{8} = \sum_{n=1}^{\infty} \frac{1}{(4n-1)(4n+1)}$$

$$\frac{\pi}{3} = \sum_{n=1}^{\infty} \frac{\binom{2n}{n}}{16^n(2n+1)} \qquad\qquad \frac{\pi}{6} = \frac{1}{\sqrt{3}} \sum_{n=1}^{\infty} (-1)^{n-1} \frac{1}{3^{n-1}(2n-1)}$$

$$\frac{\pi}{6} = \sum_{n=1}^{\infty} \frac{1}{n^2} \qquad\qquad \frac{\pi^2}{6} = \sum_{n=2}^{\infty} \frac{n^2}{(n^2-1)}$$

3.14159265358979323846264338327950288419716939993

$$\frac{\pi^2}{8} = \sum_{n=0}^{\infty} \frac{1}{(2n-1)^2} \qquad \frac{\pi^2}{12} - \frac{1}{2}(\log 2)^2 = \sum_{n=1}^{\infty} \frac{1}{2^n \, n^2}$$

$$\frac{\pi^2}{12} = \sum_{n=0}^{\infty} \frac{(-1)^n}{(n+1)^2} \qquad \frac{\pi^3}{32} = \sum_{n=0}^{\infty} \frac{(-1)^n}{(2n+1)^3}$$

$$\frac{\pi^4}{90} = \sum_{n=1}^{\infty} \frac{1^n}{n^4} \qquad \frac{\pi^4}{96} = \sum_{n=1}^{\infty} \frac{1^n}{(2n+1)^4}$$

$$\frac{7\pi^2}{720} = \sum_{n=1}^{\infty} (-1)^{n-1} \frac{1}{n^4}$$

Auf Euler geht die Einführung der Bezeichnungen e für die Basis des natürlichen Logarithmus, π für das Verhältnis Kreisumfang zum Durchmesser, f(x) für eine Funktion der Variablen x, Σ als das Zeichen für einen Summenwert einer Reihe, sowie die Einteilung der Funktionen in algebraische und transzendente zurück.

Er brachte auch die Einreihung der komplexen Zahlen in das Zahlensystem mit seiner berühmten Eulerschen Formel

$$e^{ix} = \cos x + i \sin x$$

Im Jahre 1748 veröffentlichte Euler seine „ *Introductio in Analysem Infinitorum* " , die seine Theorie und viele obengezeigten Reihendarstellungen von π und π^2 beinhalten.
Bereits im Jahre 1775 vermutete Euler, dass π eine transzendente Zahl sei. Der Beweis dafür wurde dann 1882 von Lindemann erbracht.

Die von Machin eingeführten Methoden zur Berechnung von π mit arctan-Reihen waren so wirksam, dass alle größeren Berechnungen bis weit ins 20. Jahrhundert auf Varianten dieser Methode beruhten. Mit anderen Worten, die Algorithmen-Entwicklung machte über Jahrhunderte keinen wirklichen Fortschritt.

3.14159265358979323846264338327950288419716939937

Unendliche Reihenformeln aus Indien

Seit der Antike gibt es in Indien sehr fortschrittliche mathematische Untersuchungen, Rechenvorschriften und sogar analztische Ergebnisse. So auch auf dem Gebiet der Berechnung der Kreiszahl π. In vielen alten mathematische Texten, die über 4000 Jahre alt sind, tritt die Zahl π auf.

Eine Anzahl von Regeln, sogenannte Schnurregeln in den indischen *Salvasutras* 600 v.Chr. aufgezeichnet, dienten zum Bau von Altären und Gebäuden, befassen sich jedoch auch mit der Kreisflächenberechnung beziehungsweise Umwandlung eines Kreises in ein Quadrat. So wurde die Seitenlänge eines Quradrates wie folgt bestimmt:

- Nimm den 8-ten Teil vom Kreisdurchmesser und teile diesen in 29 Teile
- Nimm 28 Teile davon und den 6-ten Teil vom übriggebliebenen 29-ten Teil
- Ziehe davon den 8-ten Teil ab

Als Formel wird dann $s_q = \dfrac{d}{8}\left(7 + \dfrac{1}{29}\left(1 - \dfrac{1}{6}\left(1 - \dfrac{1}{8}\right)\right)\right) = d\,\dfrac{9785}{11136}$

Daraus ergibt sich für $\pi = \dfrac{4\,s_q^2}{d^2} = 3{,}088\ldots$

Im indischen Dokument *Siddhanta* scheibt *Arya-Bhata* im Jahre 499 π den Wert

$$3 + \dfrac{177}{1250} = 3{,}141\ldots \qquad \text{zu.}$$

- Addiere 4 zu 100
- Multipliziere diese Summe mit 8
- Addiere 62000 zu diesem Produkt

Das ergebnis ergibt den ungefähren Umfang des Kreises mit dem Durchmesser 20000. Hieruas errechnet man $\pi = 3{,}1416$.

Jedoch weit interessanter sind die Aufzeichnungen aus Indien von unendlichen Summenreihen für π aus dem 15. Jahrhundert. In den Sanskrit-Schriften *Yukti-Bhasa* und *Yukti-Dipika* sind acht Reihenentwicklungen für π, inklusive der sogenannten Leibniz-Reihe, aufgezeichnet. Die meisten mathematischen Erkenntnisse wurden in Indien über lang Zeit mündlich überliefert. *NilaKantha* (1444 – 1545) schrieb als erster in *Tantra Sangrahan* diese Reihen nieder. Einige Reihen sollen bereits von *Madhavan* (1340 – 1425) zusammengestellt worden sein. Einige dieser erstaunlichen Reihen sind immerhin einige hundert jahre älter als die von europäischen Mathematikern veröffenlichten.

3.141592653589793238462643383279502884197169399

$$\pi \approx 2 + \frac{4}{2^2-1} - \frac{4}{4^2-1} + \frac{4}{6^2-1} - \ldots \mp \frac{4}{p^2-1} \pm \frac{4}{2(p+1)^2+4}$$

$$\pi = 3 + \frac{4}{3^3-3} - \frac{4}{5^3-5} + \frac{4}{7^3-7} - \ldots$$

$$\frac{\pi}{2} = \sqrt{3}\left(1 - \frac{1}{3*3^1} + \frac{1}{5*3^2} - \frac{1}{7*3^3} + \frac{1}{9*3^4} - \ldots\right) = \sqrt{3}\sum_{n=0}^{\infty}\frac{(-1)^n}{(2n+1)3^n}$$

$$\frac{\pi}{4} \approx 1 - \frac{1}{3} + \frac{1}{5} - \frac{1}{7} + \ldots \mp \frac{1}{P-1} \pm \frac{p/2}{p^2+1}$$

$$\frac{\pi}{4} \approx 1 - \frac{1}{3} + \frac{1}{5} - \frac{1}{7} + \ldots \mp \frac{1}{P-1} \pm \frac{p^2/4+1}{p/2(p^2+4p+1)}$$

$$\frac{\pi}{8} = \frac{1}{2^2-1} + \frac{1}{6^2-1} - \frac{1}{10^2-1} + \frac{1}{14^2-1}\ldots$$

$$\frac{\pi}{8} = \frac{1}{2} - \frac{1}{4^2-1} + \frac{1}{8^2-1} - \frac{1}{12^2-1} + \frac{1}{16^2-1}\ldots$$

$$\frac{\pi}{16} = \frac{1}{1^5+4*1} - \frac{1}{3^5+4*3} + \frac{1}{5^5+4*5} - \frac{1}{7^5+4*7} + \ldots$$

3.1415926535897932384626433832795028841971693993

Kettenbrüche

Eine andere Art des Umgangs mit unendlich vielen Stellen sind *Kettenbrüche*.
Kettenbrüche bilden eine ideale Methode um irrationale Zahlen darzustellen und annähernd zu bestimmen. Die Grundlagen der Theorie der Kettenbrüche reichen zurück in die Antike. (Siehe auch Anhang - Kettenbrüche).
Um eine Zahl oder einen Bruch als Kettenbruch zu schreiben sucht man mit dem euklidischen Algorithmus den „größten gemeinsamen Teiler" (ggT) zweier natürlicher Zahlen u und v.
Einer der ältesten Algorithmen der Mathematik ist der um 300 v.Chr. von *Euklid* aufgestellte, um eben den größten gemeinsamen Teiler zweier Zahlen, ohne diese in Primzahlen zerlegen zu müssen, zu bestimmen.

Für eine Kettenbruchdarstellung errechnet man für jeden Schritt des Algorithmus den Teiler $z(i) = u \setminus v$. Der mit „$\setminus$" bezeichnete Rechenprozess ist eine Ganzzahl-Division, wobei der Quotient auf eine Ganzzahl abgeschnitten ist. Die Reihe der Teiler bildet den genannten Kettenbruch. Der euklidische Algorithmus ist sehr einfach, wogegen die Methoden der Findung des ggT mit der Zerlegung der Ganzzahlen in Primfaktoren nicht immer effizient sind.
Eine moderne Art des euklidischen Algorithmus lässt sich wie folgt darstellen :

(I) Gegeben sind zwei Ganzzahlen u und v, größer als 1
(II) Ist u teilbar durch v ?
       Lässt sich u durch v direkt teilen, ist der Algorithmus beendet.
       Der ggT ist dann : $ggT = v$
(III) Ist u <u>nicht</u> teilbar mit v :
       Teilerquotient $z(i) = u \setminus v$
(IV) Es werden nun neue Werte für u und v gebildet :
                           $u = v$
                           $v = u \bmod v$
(V) Mit $u \bmod v = 0$ ist der Algorithmus beendet , andernfalls geht man
       wieder zu Schritt (II).

Beispiel :   u = 124   v = 37

i = 1	z(1) = 124 \ 37 = [3]	v = 124 mod 37 = 13	u = 37 : 124 = [3]*37+ 13
i = 2	z(2) = 37 \ 13 = [2]	v = 37 mod 13 = 11	u = 13 : 37 = [2]*13+ 11
i = 3	z(3) = 13 \ 11 = [1]	v = 13 mod 11 = 2	u = 11 : 13 = [1]*11+ 2
i = 4	z(4) = 11 \ 2 = [5]	v = 11 mod 5 = 1	u = 5 : 11 = [5]* 2 + 1
i = 5	z(5) = 2 \ 1 = [2]	v = 2 mod 1 = 0	: 2 = [2]* 1 + 0

3.14159265358979323846264338327950288419716939 93

Als Kettenbruch wird u / v

$$\frac{124}{37}=[3;2;1;5;2]=3+\cfrac{1}{2+\cfrac{1}{1+\cfrac{1}{5+\cfrac{1}{2}}}}$$

Euler bewies, dass sich jede rationale Zahl als „endlicher" Kettenbruch, jedoch eine irrationale Zahl als „unendlicher" Kettenbruch darstellen lässt. Es gelang *Euler* auf einfache Weise, unendliche Kettenbrüche für e und π zu finden.

e = [2;1;2;2;1;1;4;1;1;6;1;1;8;1;1;10;...]

$\sqrt{e}$ = [1;1;1;1;5;1;1;9;1;1;13;1;1;17;...]

$$\frac{\pi}{4}=\cfrac{1}{1+\cfrac{1^2}{2+\cfrac{3^2}{2+\cfrac{5^2}{2+\cfrac{7^2}{2+...}}}}}$$

Stern gab 1833 folgenden Kettenbruch an :

$$\frac{\pi}{4}=1-\cfrac{1}{3-\cfrac{2*3}{1-\cfrac{1*2}{3-\cfrac{4*5}{1-\cfrac{3*4}{3-\cfrac{6*7}{1-\cfrac{5*6}{3-...}}}}}}}$$

Der Schweizer Mathematiker *Johann Heinrich Lambert* (1728-77), der den Beweis für die Irrationalität von π erbrachte, untersuchte auch einige Kettenbrüche. Lambert stellte π durch folgenden interessanten Kettenbruch dar.

3.14159265358979323846264338327950288419716939 93

$$\pi = 3 + \cfrac{1}{7 + \cfrac{1}{15 + \cfrac{1}{1 + \cfrac{1}{292 + \cfrac{1}{1 + \cfrac{1}{1 + \cfrac{1}{1 + \cfrac{1}{2 + \ldots}}}}}}}}$$

$\pi = [3;7;15;1;292;1;1;1;2;1;3;1;14;2;1;1;2;2;2;2;1;84;2;1;1;15;3;13;1;4;2;6;6;99;1;\ldots]$

Die konvergente Umkehrung dieses Kettenbruches ergibt dabei

Quotient	u / v	Genauigkeit		
3;	3 : 1	1 Stelle	=	3,0
7;	22:7	3 Stellen	=	3,14..
15;	333:106	5 Stellen	=	3,1415..
1;	355:113	7 Stellen	=	3,141592..
292;	103993:33102	10 Stellen	=	3,141592653..
1;	104348:33215	10 Stellen	=	3,141592653..
1;	208341:66317	10 Stellen	=	3,141592653..
1;	312689:99532	10 Stellen	=	3,141592653..
2;	833719:265381	11 Stellen	=	3,1415926535..
1;	1146408:364913	11 Stellen	=	3,1415926535..
3;	4272943:1360120	13 Stellen	=	3,141592653589..
1;	5419351:1725033	13 Stellen	=	3,141592653589..
14;	80143857:25510582	15 Stellen	=	3,14159265358979...

etc.

Die Anfangswerte bzw. Brüche dieser Umkehrung waren schon länger bekannt:

3	Bibel - Könige VII, 23	
22/7	Archimedes, oberer Grenzwert, um 250 v.Chr.	
333/106	Adriaan Anthoniszoon, um 1583 - China, um 500	
355/113	Valentinus Otha, 1573	

Allgemein gilt: Die Kettenbruchentwicklung einer rationalen Zahl x bricht nach einer endlichen Zahl von Schritten ab.

Für irrationale Zahlen (wie π und e) bricht die Kettenbruchentwicklung nicht ab; sie weist unendlich viele Schritte auf.

3.14159265358979323846264338327950288419716993993

Mit Infinitesimalrechnung

Der allmächtige Lehrer hat den Menschen eingeladen, die wissenschaftlichen Prinzipien der Struktur des unendlichen Universum zu studieren und nachzuahmen.

Thomas Paine (1737-1809)

Manche Gleichungen sind durch exakte Methoden entweder unmöglich oder doch äußerst schwierig zu lösen; nur durch Iteration ist dann oft eine Lösung möglich.

Lancelot Hoyben (1985)

Es gibt keine Grenze der mathematischen Vorstellungen, und es wäre paradox anzunehmen, daß kleine Ursachen nur kleine Wirkungen erzielen.

Jagjit Singh

3.141592653589793238462643383279502884197169399

Den bis dahin wohl größten Fortschritt auf dem Gebiet der Mathematik war die Entwicklung der Infinitesimalrechnung durch *Barrow, Newton* und *Leibniz*. Bei dieser damals revolutionären neuen Differential- und Integralrechnung wurde die Ableitung einer Funktion f(x), das heißt die Änderungsgeschwindigkeit der Funktionswerte von f(x) an einer beliebigen Stelle dieser Funktion, erstellt. Als Umkehrfunktion dieser Differentiation war das Integral, mit dem die Fläche zwischen der Kurve f(x) und der Abszissenachse y bestimmt werden konnte.

$$y = g(x) ; \qquad \text{Ableitung} \quad y' = dy/dx$$
$$z = f(x) ; \qquad \text{Integral} \quad \int f(x)\, dx \qquad y = \int y' = \int (dy/dx)\, dx = g(x)$$

Isaac Newton (1643-1727) und *Gottfried Wilhelm Leibniz* (1646-1716) entwickelten die Infinitesimalrechnung unabhängig voneinander gleichzeitig. Mit der Differentiation einer stetigen Funktion unter Verwendung des sogenannten Differential-Dreiecks, wie es von Pascal schon angedeutet wurde, berechnet man die Steigung einer Kurve (oder den Differentialkoeffizienten) an jedem beliebigen Punkt, oder man bestimmt die Veränderung, zum Beispiel Beschleunigung einer Bewegung, entlang eines Bewegungsablaufes, das heißt die Änderungsgeschwindigkeit an einem bestimmten Punkt (=Funktionswert) dieses Ablaufs. Mit der Integration löst man die Frage, welche Funktion f(x) von x ergibt nach der Differentiation wieder die ursprüngliche Funktion zurück; z.B.

$$\text{Integration} \quad : \quad \int (...)dx \qquad : \quad y = \int x^n\, dx$$
$$\text{Differentiation} : \quad d(...)/dx \qquad : \quad dy/dy = x^n$$

Das Integral ist die ideale Methode, um eine Flächenberechnung einer beliebigen Funktion f(x) durchzuführen. Damit wird das sogenannte unbestimmte Integral zur *Anti-Ableitung* und die Integration zur *Anti-Differentiation*. Die entsprechende *Anti-Integration* wird somit zur Bestimmung des Differential-quotienten.
Newtons Fluxionen- und Fluentenrechnung ist schwer erlernbar und hat sich deshalb für praktische Anwendungen nicht durchsetzen können. Fluxion entspricht dem Differenzieren, Fluente dem Integrieren einer Funktion.

Leibniz führte die heute gebräuchlichen Bezeichnungsweisen für die Differentiation *dy/dx* und für die Integration *∫f(x) dx* ein; diese Schreibweise hat sich überall durch-gesetzt. Am 19. Oktober 1675 verwendete Leibniz zum ersten Mal in seinen Aufzeich-nungen das Integralzeichen ∫, um damit den Grenzwert einer Summe anzuzeigen.

Isaac Barrow (1630-1727) gilt als eigentlicher „Erfinder" der Differential- und Integralrechnung. Er behandelte bereits Grenzwerterörterungen bei unendlichen Reihen, beim Differenzieren und Integrieren. Er bewies als erster den Hauptsatz der Differential- und Integralrechnung. Als Lehrer Newtons hat er dessen Denken entscheidend beeinflußt.

3.1415926535897932384626433832795028841971693993

Bei der Entwicklung der Infinitesimalrechnung kam das Problem und die Lösung der Flächenberechnung, ähnlich dem Problem des Archimedes mit seinen Parabel- und Kreisuntersuchungen, in neuer Form wieder auf. Die Aufgabe: es ist eine Fläche zu berechnen, die nach oben durch eine Kurve der Gleichung $y = f(x)$ und nach unten von der x-Achse begrenzt ist, und zwischen zwei Parallelen zur y-Achse liegt. Diese Flächenfindung eignet sich im besonderen Maße zur hochgenauen Berechnung der Kreizahl π über die Integralrechnung mit Hilfe einer unendlichen Reihenentwicklung. *Newton* benützte solch eine Flächenberechnung eines Teilabschnittes der Kreisfunktion, um π in eine unendliche Potenzreihe zu entwickeln.

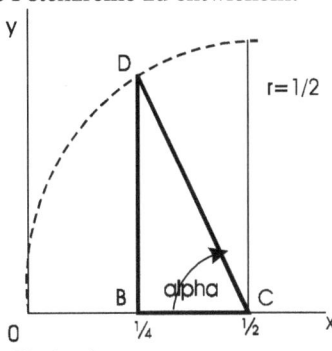

h = r sin α = √3 / 4   <u>Kreissektor :</u>   <u>Dreieck :</u>

α = arc cos ½ = 60° F_{OCD} = ($r^2 \pi \alpha$) / 360 = π / 24 F_{BCD} = ½ ($\overline{BC} * \overline{BD}$) = √3 / 32

<u>½ Kreissegment</u>

$$F_{OBD} = \int_0^{1/4} \sqrt{(x - x^2)}\, dx$$

Kreissegment = Kreissektor - Dreieck : $\int_0^{1/4} \sqrt{x - x^2}\, dx = \dfrac{\pi}{24} - \dfrac{\sqrt{3}}{32}$

Somit wird $\pi = \dfrac{3\sqrt{3}}{24} + 24 \int_0^{1/4} \sqrt{x - x^2}\, dx$

Die Kreisgleichung im kartesischen Koordinatensystem ist

$$(x - x_0)^2 + (y - y_0)^2 = r^2 \qquad x_0 \ \& \ y_0 \text{ sind Koordinaten des Kreismittelpunktes}$$

Mit $x_0 = 0$ und $y_0 = 0$ ergibt sich der pythagoräische Lehrsatz für ein rechtwinkliches Dreieck. Für die Berechnung von π ist es nun wichtig, dass die Glieder der Ableitung der Kreisfunktion als eine geometrische Reihe, die eine unendliche Summe ergibt, darstellbar sind.

3.14159265358979323846264338327950288419716939 93

Newton benützte einen Kreis mit den Koordinaten $x_0 = 0,5$ und $y_0 = 0$. Als Kreisradius nahm er $r = 0,5$. Dann stellte er die Frage nach der Fläche des Kreisesteiles von $x=0$ bis $x = {}^1/_4$. Die Formel für den Kreis ergibt sich damit wie folgt :

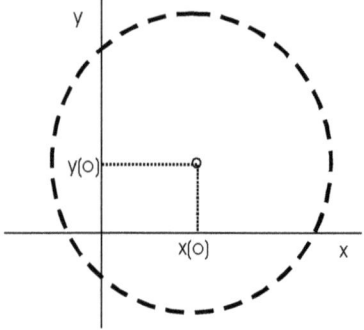

$$x - x_0)^2 + (y - y_0)^2 = r^2$$

$$(x - {}^1/_2)^2 + y^2 = ({}^1/_2)^2 \quad \text{und damit } y = \sqrt{\left(x - x^2\right)} = \sqrt{x} * \sqrt{1-x} = \left(x^{1/2}\right)\left(1-x\right)^{1/2}$$

Es gilt nun das Integral folgendermaßen zu entwickeln :

$$F = \int_0^{1/4} \sqrt{\left(x - x^2\right)}\, dx = \int_0^{1/4} \left(x^{1/2}\right)\left(1-x\right)^{1/2}\, dx$$

Vor der Integration hat dann Newton für das Teilprodukt $(1 - x)^{1/2}$ mit Hilfe des Binomialsatzes eine unendliche Potenzreihe entwickelt.

$$(1-x)^{1/2} = 1 - \frac{1}{2^1 1!}x^1 - \frac{1}{2^2 2!}x^2 - \frac{1}{2^3 3!}x^3 - \frac{1}{2^4 4!}x^4 - \ldots$$

Die Multiplikation der beiden Teilprodukte ergibt :

$$\left(x^{1/2}\right)\left(1-x\right)^{1/2} = \frac{1}{2^0 0!}x^{1/2} - \frac{1}{2^1 1!}x^{3/2} - \frac{1}{2^2 2!}x^{5/2} - \frac{1*3}{2^3 3!}x^{7/2} - \ldots$$

Nach dem Produkt $(x^{1/2})(1 - x)^{1/2}$ wird nun die gliedweise Integration eingeleitet.

$$\int \left(x^{1/2}\right)\left(1-x\right)^{1/2}\, dx = \frac{1}{2^0 0!}\frac{2}{3}x^{3/2} - \frac{1}{2^1 1!}\frac{2}{5}x^{5/2} - \frac{1}{2^2 2!}\frac{2}{7}x^{7/2} - \frac{1*3}{2^3 3!}\frac{2}{9}x^{9/2} - \frac{1*3*5}{2^4 4!}\frac{2}{11}x^{11/2} - \ldots$$

oder $\quad \int \left(x^{1/2}\right)\left(1-x\right)^{1/2}\, dx = \frac{1}{2^0 0!}\frac{2}{3}x^{3/2} + \sum_{n=0}^{\infty} \frac{1}{2^{n+1}} \frac{1}{(n+1)!} \frac{2}{(5+2n)}(2n-1)x^{(5+2n)/2}$

3.14159265358979323846264338327950288419716939 93

Mit der Auswertung des Integrals von x = 0 bis x = 1/4 ergibt sich

$$\int (x^{1/2})(1-x)^{1/2}\,dx = \frac{1}{0!}\frac{1}{3}\frac{1}{2^2} - \frac{1}{1!}\frac{1}{5}\frac{1}{2^5} - \frac{1}{2!}\frac{1}{7}\frac{1}{2^8} - \frac{1}{3!}\frac{1}{9}\frac{1}{2^{11}}\cdots = \frac{1}{0!}\frac{1}{3}\frac{1}{2^2} + \sum_{n=0}^{\infty}\frac{1}{(n+1)!}\frac{1}{(5+2n)}\frac{1}{2^{3n+5}}(2n-1)$$

Die zahlenmäßige Auswertung der ersten n=24 Glieder mit einer Rechengenauigkeit von 20 Dezimalstellen zeigt

$$\int_{0}^{1/4} f(x)\,dx =$$

0,08333 33333 33333 33333	− 0,00625 00000 00000 00000
	− 0,00027 90178 57142 85714
	− 0,00002 71267 36111 11111
	− 0,00000 34679 06605 11363
	− 0,00000 05135 16939 60336
	− 0,00000 00834 46502 68554
	− 0,00000 00144 62891 74696
	− 0,00000 00026 28535 42440
	− 0,00000 00004 95458 06610
	− 0,00000 00000 96129 63565
	− 0,00000 00000 19094 84126
	− 0,00000 00000 03867 58937
	− 0,00000 00000 00796 34383
	− 0,00000 00000 00166 28723
	− 0,00000 00000 00035 14707
	− 0,00000 00000 00007 50798
	− 0,00000 00000 00001 61887
	− 0,00000 00000 00000 35196
	− 0,00000 00000 00000 07709
	− 0,00000 00000 00000 01699
	− 0,00000 00000 00000 00377
	− 0,00000 00000 00000 00084
	− 0,00000 00000 00000 00018
	− 0,00000 00000 00000 00004

$$= \quad 0,07677\ 31061\ 63047\ 30296;$$

Damit wird

$$\pi = 24\left(0,07677\ 31061\ 63047\ 30296 - \frac{\sqrt{3}}{32}\right) =$$

$$\pi = \frac{\sqrt{3}}{4} - 24\int_{0}^{1/4} f(x)\,dx \quad \text{und}$$

$$= 3,14159\ 26535\ 89793\ 2_{xxx}$$

Dieses Ergebnis ist bei 20 Iterations-Schritten auf 16 Dezimalstellen richtig.

3.1415926535897932384626433832795028841971693993

Leibniz befasste sich ebenfalls mit der Quadratur (d.h. Flächenberechnung) des Kreises und Teilen davon. Er betrachtete dabei speziell das Kreissegment OA , das er in infinitesimale Dreiecke mit einer gemeinsamen Spitze im Koordinaten-Nullpunkt O aufteilte, und dann den Flächeninhalt durch „integrale" Addition dieser Kreisausschnitte ermittelte.

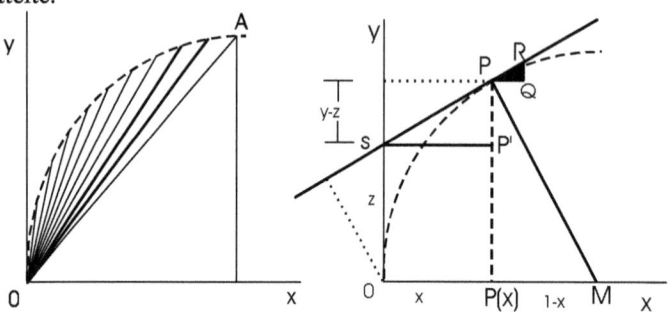

Im Punkte P betrachtete er dann das infinitesimale Dreieck PQR, bei dem der Kreisbogen PR gleich der Tangente PR ist. Die Tangente in P ergibt den Wert z beim Schnittpunkt mit der y-Achse. Aus der Ähnlichkeit der Dreiecke ergibt sich folgende Beziehung :

$$\frac{P'P}{P'S}=\frac{P_xM}{P_xP} \qquad \frac{y-x}{x}=\frac{1-x}{y} \qquad y^2-yz=x(1-z)$$

Aus der Kreisgleichung $(x-1)^2 + y^2 = 1$ wird damit $\quad y^2 = x(2-x)$;

Für den Wert z ergibt sich somit $\qquad z=\sqrt{\dfrac{x^2}{x(2-x)}}=\sqrt{\dfrac{x}{2-x}}$

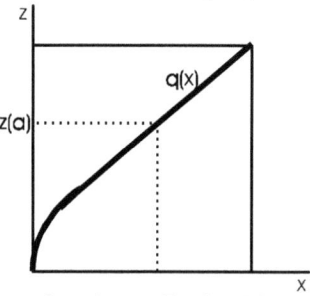

So definierte Leibniz einen Transformierten Punkt P'(x,y) , der auf seiner „Quadratix" q(x) liegt.

Zur Integration, d.h. Flächenberechnung, wird die Umkehrgleichung $x = (2y^2) / (1 + z^2)$

benützt.
$$A = \int\limits_{0}^{q(x)} \frac{2\,z^2}{1+z^2} * \frac{1}{2}\,dz$$

Dabei bezieht sich der Wert ½ auf die Verwendung von inifinitesimal kleinen Dreiecksflächen, und entspricht der modernen Integration von Funktionen im Polarkoordinatensystem :

$$A = ½ \int \rho^2 * d\varphi$$

Durch Division und entsprechender Reihenentwicklung ergibt sich der Ausdruck
$$z^2 / (1 + z^2) = z^2 - z^4 + z^6 - z^8 + ...$$

Nach bereits bekannter gliedweisen Integration wird

$$A(o, x_{(a)}) = \int\limits_{0}^{x(a)} \frac{z^2}{1+z^2}\,dz = \frac{1}{3}z_a^3 - \frac{1}{5}z_a^5 + \frac{1}{7}z_a^7 - ....$$

Aus dem Kreissegment wird nach Subtraktion vom ½ Rechteck aus der Quadratix-Darstellung (½ $x_a\,z_a$) und nachfolgender Ergänzung mit dem Dreieck OMA = ½ *1*1 und $x_a = z_a = 1$

$$\pi/2 = [\,½\,x_a\,z_a - (\,1/3\,z_a^3 - 1/5\,z_a^5 + 1/7\,z_a^7 - 1/9\,z_a^9 - ...)\,] + ½*1*1$$

So entstand die berühmte unendliche Leibniz-Reihe als Grenzwert der Partialsummen.

$$\pi/2 = 1/1 - 1/3 + 1/5 - 1/7 + 1/9 - ... = \sum_{n=0}^{\infty} \frac{(-1)^n}{(2n+1)}$$

Leibniz untersuchte auch die arctan-Reihe, die 1671 von Gregory entdeckt wurde. Bei der Evaluierung setzte er in diese Potenzreihe $x_a = z_a = 1$ mit dem gleichen oben gezeigten Ergebnis für $\pi/2$. *Leibniz* ließ sich nach der Vollendung seiner beiden Lösungen zu dem bekannten Ausdruck hinreißen :

Gott liebe die ungeraden Zahlen !

Die „moderne" Lösung der Integration zur Berechnung eines Keissegmentes wird über die bereits erwähnte Polarkoordinatendarstellung durchgeführt.

3.14159265358979323846264338327950288419716939 93

Mit $\rho = \cos \varphi - c\sin \varphi$ (aus $y = -\frac{1}{2} \pm \sqrt{x(1-x)} + 14$ und $r = \frac{1}{2}\sqrt{2}$) wird mit infinitesimalen Sektoren die Fläche $\frac{1}{2}\rho^2$ gelöst.

$$A = \frac{1}{2} \int \rho^2 \, d\varphi$$

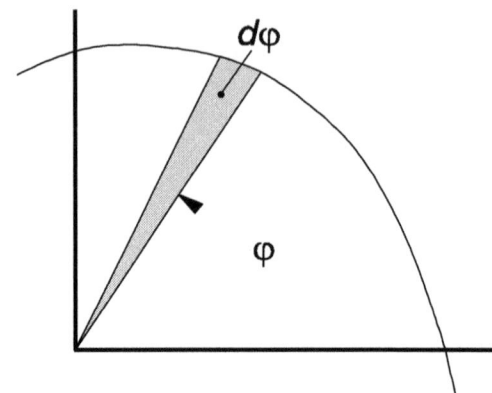

Die Lösung ergibt sich aus Reihenentwicklung für $\sin 2\varphi$ und anschließender gliedweiser Integration.

π errechnet sich aus $\quad A = \text{Kreissektor} - \text{Dreieck}_{MO1}$

$$A = (90 / 360) * r^2 * \pi - \text{Dreieck}_{MO1}$$

$(90 / 360) * r^2 * \pi = \frac{1}{4} r^2 \pi \qquad\qquad \pi = 4 * \dfrac{A - \text{Dreieck}_{MO1}}{r^2}$

Die Verdienste von *Leibniz* auf dem Gebiet der Mathematik sind vielschichtig. Er veröffentlichte im Jahre 1703 in seinen „*Memoires de l'Academie Royale des Sciences*" in Paris einen Artikel, in welchem er die binäre Arithmetik für die vier Grundrechenarten (+,−,*,/) darstellte und brachte damit Binär-Darstellung von Zahlen an die wissenschaftliche Öffentlichkeit. Grundsätzlich wird dieser Artikel als die „Geburt" der Radix-2 Arithmetik bezeichnet. Für praktische Anwendung empfahl er dieses binäre Zahlensystem nicht, aber er verwies auf die Wichtigkeit dieser Methode in zahlentheoretischen Untersuchungen. Natürlich wurde der wichtige Aspekt der binären Zahlen und ihre Arithmetik zu Leibniz Zeiten noch nicht erkannt. Es wurde berichtet, dass Leibniz *Jakob Bernoulli* bat, die Zahl π in binär darzustellen. Ohne formelle verfügbare Radix-Konversion-Methode „löste" Bernoulli die Aufgabe indem er einen 35-stelligen Dezimal-Näherungswert von π mit 10^{35} multiplizierte und dann diesen Integerwert in Radix-2 darstellte (dies ist natürlich nicht korrekt !), wie folgende Darstellung zeigt :

Integerwert   31415926535... $\Rightarrow$ 100111010...
Dezimalwert   3,1415926535... $\Rightarrow$ 11,00100100...

3.14159265358979323846264338327950288419716939933

Mit Ramanujan

...besteige das Paradies über die Leiter (Treppe) der Überraschung.
Ralph Waldo Emerson (1802-1882)

Der Wissenschaftler studiert die Natur nicht, weil dies möglich ist;
er studiert sie, weil er von ihr entzückt ist und weil er in ihr
wunderbare Schönheit sieht.
Henri Poincoré (1854-1882)

Grenzen (Limits) haben immer etwas mysteriöses, und es wäre ein
großer Verlust dies nicht mitzuteilen. Daher machen wir einen
Ausflug um zu sehen in wieweit Grenzen ins Unbekannte reichen.
Wir wissen, Grenzen identifizieren und charakterisieren neue
Mengen und neue Gebiete.
Peitgen, Jürgens, Saupe (1992)

3.141592653589793238462643383279502884197 1693993

Im 18. und 19. Jahrhundert gab es eine Reihe von bedeutenden Mathematikern, wie Boole, Cantor, Cauchy, Chebychev, Fourier, Langrange, Laplace, Legendre, Mersenne, Plank, Poisson, Riemann, Taylor, Turing and andere, die hervoragende neue Theorien und entsprechende Ergebnisse auf dem Gebiet der allgemeinen Mathematik hervorbrachten, jedoch wurde praktisch nichts Neues auf dem Feld der Berechnung von π erbracht.

Srinivasa Ramanujan wurde 1887 in Erode, einer kleien Stadt in Südindien, geboren. Trotz seiner bescheidenen Schulbildung entpuppte sich Ramanjun schon sehr jung als mathematisches Wunderkind und erhielt als Siebenjähriger ein Stipendium der High School von Kumbakonam. Mit zwölf Jahren beherrschte er den Inhalt des umfangreichen Werkes „Trigonomie der Ebene" und mit fünfzehn studierte er aus dem entliehenen, zweibändigen „Zusammenfasung elementarer Ergebnisse der reinen theoretischen Mathematik". Dies war seine gesamte mathematische Grundausbildung. 1903 bekam er ein Stipendium der Universität von Madras, jedoch musste er sein Universitätsstudium abbrechen, da er in begleitenden Fächern die Examina nicht erfüllen konnte. Nach seiner Heirat mit 22 Jahren nahm er eine einfache Stelle im Büro der Hafenverwaltung von Matras an.

Trotz seiner beschränkten Ausbildung gelang es ihm, die Zahlentheorie im grossen Umfang neu zu formen und mit neuen Theorien und Formeln zu bereichern. Nach der Veröffentlichung eines brillanten Forschungsergebnisses über „Jacob Bernoulli"- Zahlen, erreichte er internationales Aufsehen und bekam wissenschaftliche Anerkennung. *Godfrey H. Hardy*, der grösste britische Mathematiker seiner Zeit, brachte *Srinivasa Ramanujan* ans Trinity College Cambridge. Ramanujan formulierte die „Riemann"-Reihe, elliptische Integrale, hypergeometrische Reihen und Funktionsgleichungen für die „Zeta"-Funktion. Er erforschte Modulargleichungen und ist unerreicht mit seinen Ergebnissen für Singularitäten. Wie viele grosse Mathematiker, beschäftigte Ramanujan sich mit der Kreiszahl π, formulierte exakte Ausdrücke dafür, und leitete viele Näherungswerte daraus ab. Sein Ruhm wuchs, jedoch seine Gesundheit verfiel sehr schnell. 1920 starb er in Indien.

Ramanujan hinterließ eine Reihe von unveröffentlichten Notizbüchern. 70 Jahre nach seinem Tode bemühen sich eine Vielzahl von Wissenschaftlern und Mathematikern um ein Verstehen seiner faszinierenden Formeln, diese in heutigen Problemen anzuwenden, und um Computer mit besseren Algorithmen zu betreiben. Jonathan und Peter Borwein entwickelten neben anderen Mathematikern, hocheffizente Gleichungen ähnlich den Modulargleichungen von Ramanujan, die sehr schnelle und wirksame Algorithmen zur Berechnung von π ermöglichen

3.1415926535897932384626433832795028841971693993

1914 veröffentlichte *Ramanujan* im „*Quarterly Journal of Mathematics*" eine Abhandlung über:
   „MODULARE GLEICHUNGEN UND NÄHERUNGSWERTE für π".

Darin entwickelte er mathematische Formulierungen wie man von Modulargleichungen zu solchen Näherungswerten kommt.

Nach Borwein & Borwein ist eine Modulargleichung, vereinfacht gesagt, eine algebraische Beziehung zwischen einer Funktion f einer Variablen x , d.h. $f(x)$, und derselben Funktion, in der statt x aber eine ganzahlige Potenz von x steht.

Zum Beispiel

$$f(x^2) \qquad f(x^3) \qquad f(x^3) \quad \dots$$

Die einfachste Modulargleichung ist die zweiter Ordnung :

$$f(x) = 2\sqrt{\frac{f(x)}{1+f(x^2)}}$$

Nicht jede Funktion gehorcht einer Modulargleichung, sondern nur eine spezielle Klasse, die sogenannten Modulfunktionen.

Die Lösungen von Modulargleichungen mit speziellen Bedingungen nennt man Singulärwerte. Ramanujan war unübertroffen in der Berechnung solcher Singulärwerte. Eine spezielle Sorte von Singulärwerten bekommt man bei der Berechnung von

$$k_p = \sqrt{\lambda\left(e^{-\pi\sqrt{p}}\right)}$$

mit ganzzahligen Werten für p . Das Ergebnis sind Singulärwerte, bei denen der logarithmische Ausdruck π auf viele Stellen genau darstellt.

$$\pi \approx \frac{-2}{\sqrt{p}} \ln \frac{k_p}{4}$$

Mit zunehmenden p nimmt die Anzahl der übereinstimmenden Dezimalstellen für π zu. Einer seiner berühmtesten Singulärwerte ergibt sich für p = 210.

$$k_{210} \approx \left(\sqrt{2}-1\right)^2 (2-\sqrt{3})\left(\sqrt{7}-\sqrt{6}\right)^2 (8-3\sqrt{7})\left(\sqrt{10}-3\right)^2 (\sqrt{15}-\sqrt{14})\left(4-\sqrt{15}\right)^2 (6-\sqrt{35})\dots$$

Setzt man k_{210} in die obengezeigten logarithmische Formel ein, so erreicht man 20 richtige Stellen von π .

3.141592653589793238462643383279502884197169399

In der obengenannten Veröffentlichung „*Modulare Gleichungen und Berechnungen von Näherungswerten von* π " zeigte Ramanujan im Überblick einige Methoden, wie man bei der Lösung von Modulargleichungen zu solchen Näherungswerten kommt.

1. Wenn man annimmt, dass

$$(1 + e^{-\pi\sqrt{n}})\,(1 + e^{-3\pi\sqrt{n}})\,(1 + e^{-5\pi\sqrt{n}})\ldots = 2^{1/4}\,e^{-\pi\sqrt{n}/24}\,G_n \qquad (1)$$

$$\text{und } (1 - e^{-\pi\sqrt{n}})\,(1 - e^{-3\pi\sqrt{n}})\,(1 - e^{-5\pi\sqrt{n}})\ldots = 2^{1/4}\,e^{-\pi\sqrt{n}/24}\,g_n \qquad (2)$$

dann lassen sich G_n und g_n immer als Wurzeln einer algebraischen Gleichung darstellen, wenn dabei n eine „vernünftige" rationale Zahl ist. Daraus lässt sich wiederum folgendes ableiten :

$$g_{4n} = 2^{1/4}\,g_n \qquad\qquad\qquad\qquad\qquad\qquad\qquad (5)$$

$$G_n = G_{1/n}\,; \qquad\qquad 1/g_n = g_{4n}; \qquad\qquad\qquad (6)$$

$$(g_n\,G_n)^8\,(G_n^8 - G_n^8) = \tfrac{1}{4} \qquad\qquad\qquad\qquad (7)$$

Ramanujan benützte nur ganze Zahlen n für die Entwicklung dieser Gleichungen. Aus (7) folgt, dass man nur G_n oder g_n für einen bestimmten Wert n zu benützen braucht, und aus (5) ergibt sich die Bewertung, dass n nicht durch vier teilbar sein soll. Weiterhin ist es sehr praktisch, g_n mit n=geradzahlig und G_n mit n=ungeradzahlig zu entwickeln.

2. Annahme : n = ungeradzahlig

Werte für G_n oder g_{2n} errechnet man dann direkt aus den gleichen Modulargleichungen. Ramanujan zeigt als Beispiel die Entwicklung von

$G_5 = (\tfrac{1}{2}(1 + \sqrt{5}))^{1/4}$ und $g_{10} = [(\tfrac{1}{2}(1 + \sqrt{5}))^{1/4}]^2 = (\tfrac{1}{2}(1 + \sqrt{5}))^{1/2}$

und weiter

$G_9 = ((1/\sqrt{2})(1 + \sqrt{3}))^{1/3}$ und $g_{18} = [((1/\sqrt{2})(1+\sqrt{3}))^{1/3}]^2 = (2 + \sqrt{3}))^{1/3}$

$G_{17} = ((1/8)(5 + \sqrt{17}))^{1/2} + ((1/8)(1 + \sqrt{5}))^{1/2}$
und
$g_{34} = ((1/8)(7 + \sqrt{17}))^{1/2} + ((1/8)(\sqrt{17} - 1))^{1/2}$

3,1415926535897932384626433832795028841971693993

3. Um nun Formeln für die Berechnung von Näherungswerten für π zu bekommen, nimmt man den natürlichen Logarithmus von (1) und (2) . Somit hat man

$$\pi = (24 / \sqrt{n}) \ \ln(2^{1/4} \ G_n) \tag{10}$$
$$\pi = (24 / \sqrt{n}) \ \ln(2^{1/4} \ g_n) \tag{10}$$

Der Näherungsfehler ist etwa $(24 / \sqrt{n}) \ e^{-\pi \sqrt{n}}$ in beiden Fällen. Die beiden Gleichungen (10) lassen sich auch wie folgt schreiben :

$$e^{\pi \sqrt{n}/24} = 2^{1/4} \ G_n \tag{11}$$
$$e^{\pi \sqrt{n}/24} = 2^{1/4} \ g_n \tag{11}$$

Wenn nun für diese beiden Fälle G_n^{12} und g_n^{12} irrationale Zahlen sind, ergibt sich nach einigen Umstellungen

$$\pi = (2 / \sqrt{n}) \ \ln[8 \ (g_n^{12} + g_n^{-12})] \tag{12}$$

Der Ergebnisfehler ist etwa $(104 / \sqrt{n}) \ e^{-\pi \sqrt{n}}$, was in der gleichen Größenordnung wie (10) liegt.
Mit Gleichung (12) lassen sich oft einfacher zu erzielende Ergebnisse erreichen.

Zum Beispiel erhält man mit der 2. Gleichung von (10) für n=18 :

$$e^{\pi \sqrt{18}/24} = 2^{1/4} \ g_{18} \quad \text{und damit} \quad e^{\pi \sqrt{18}/24} = 10\sqrt{2} + 8\sqrt{3}$$
$$\pi \cong (4 / \sqrt{18}) \ln (10\sqrt{2} + 8\sqrt{3}) = 3{,}141583449...$$

Benützt man jedoch Gleichung (12), und damit

$$e^{\pi \sqrt{n}/24} = 2^{1/4} \ (g_n^{12} + g_n^{-12})^{1/12} \qquad \text{,dann wird}$$

$$e^{\pi \sqrt{18}/8} = 2\sqrt{7} \quad \text{noch einfacher.}$$

$$\pi \cong (8 / \sqrt{18}) \ \ln(2\sqrt{7}) = 3{,}141632541... \quad \text{jedoch etwas ungenauer}$$

3.141592653589793238462643383279502884197169399‍3

4. Wie schon erwähnt, erhält man g_{2n} und G_n aus ein und derselben Gleichung. Der zu erreichende Näherungswert für g_{2n} ist dem von G_n wegen Folgendem vorzuziehen:

a) g_{2n} ist genauer.

b) Für viele Werte von n ist g_{2n} einfacher als G_n zu berechnen. Als Beispiel dient n=65 :

$$g_{130} = [(2 + \sqrt{5})((\tfrac{1}{2}(3 + \sqrt{13}))]^{1/2}$$

$$\text{ergibt für } \pi = 3{,}14159265358979_{265}\ldots$$

$$G_{65}{}^2 = [(\tfrac{1}{2}(1+\sqrt{5}))(\tfrac{1}{2}(3+\sqrt{13}))]^{1/2}[(\tfrac{1}{8}(9+\sqrt{65}))^{1/2}+(\tfrac{1}{8}(1+\sqrt{65}))^{1/2}]$$

$$\text{ergibt für } \pi = 3{,}141592653619\ldots$$

c) Für viele Werte von n benötigt man nur „quadratisch"-irrationale Zahlen, wobei G_n aus einem Wurzelwert einer Gleichung höheren Grades dargestellt wird.

So sind G_{23}, G_{29}, G_{31} Wurzeln von kubischen Gleichungen,

                G_{47}, G_{79} Wurzeln von Gleichungen 5. Grades

und ist G_{71} eine Wurzel aus einer Gleichung 7. Grades.

Dagegen sind

     g_{46}, g_{58}, g_{62} , g_{94}, g_{142} und g_{158} alles Ergebnisse von quadratischen irrationalen Zahlen.

Ramanujan berechnete G_n und g_{2n} für eine grosse Anzahl von n-Werten. Einige dieser Resultate sind äquivalent den Ergebnissen von Weber.

	richtige Dezimalstellen		richtige Dezimalstellen
$G_5 = (\tfrac{1}{2}(1`+ \sqrt{5}))^{1/4}$	1	$g_{10} = (\tfrac{1}{2}(1`+ \sqrt{5}))^{1/2}$	3
$G_9 = (\tfrac{1}{\sqrt{2}}(1+\sqrt{3}))^{1/3}$	2	$g_{18} = (\sqrt{2} + \sqrt{3})^{1/3}$	4
$G_{17} = (\tfrac{1}{8}(5`+ \sqrt{17}))^{1/2} + (\tfrac{1}{8}(\sqrt{17} - 3))^{1/2}$			3
$g_{34} = (\tfrac{1}{8}(7`+ \sqrt{17}))^{1/2} + (\tfrac{1}{8}(\sqrt{17} - 1))^{1/2}$			7

...

weitere Werte im Anhang Ramanujan.

Zu den genannten Näherungswerten über Lösungen von Modulargleichungen erstellte Ramanujan zur Berechnung von π noch eine Anzahl von verschiedenen, jedoch einmaligen Methoden. Die Resultate bringen allgemeine algebraische Näherungswerte, manchmal basierend auf Kettenbruchentwicklungen, manchmal nach elliptischen Jakobi-Funktionen, dann des öfteren auch über logarithmische Ausdrücke. Zusätzlich erarbeitete er genaue unendliche Summenreihen für π und speziell für $1/\pi$. Im Folgenden einige Beispiele aus der sehr grossen Vielfalt von Ramanujans Ergebnissen.

a. Allgemeine Näherungswerte: richtige Dezimalstellen

$\pi \approx (^{19}/_{16}) \sqrt{7}$ 3

$\pi \approx 2206\sqrt{2} / 9801$ 6

$\pi \approx (^{99}/_{80})(7/(7 - 3\sqrt{2}))$ 6

$\pi \approx (^{355}/_{133})(1 - {}^{0{,}0003}/_{3533})$ 14

Ein Vergleich des Ergebnisses der letzten Näherungsformel für π zeigt, dass dieses Resultat etwa um 10^{-15} grösser ist als π.

Ein anderer merkwürdiger Näherungswert wird von Ramanujan mit

$$\pi \approx (9^2 + 19^2/22)^{1/4} = 3{,}14159265_{262}... \qquad \text{angegeben.}$$

Er erwähnt, dass dieser Wert empirisch gefunden wurde, und keine Beziehung zur betrachtenden Theorie hat.
Weitere Formeln im Anhang-Ramanujan.

b. Näherungswerte über $e^{(\pi/x)\sqrt{z}}$ und entsprechende logarithmische Ausdrücke :
Dies sind zusätzliche Vereinfachungen der obengezeigten Lösungen von Modulargleichungen.

$e^{(\pi/4)\sqrt{30}} \approx 4\sqrt{3} \, (5+4\sqrt{2})$ $\pi \approx {}^{4}/_{\sqrt{30}} \ln\{(4\sqrt{3})(5 + 4\sqrt{2})\}$

$e^{(\pi/4)\sqrt{34}} \approx 12(4 + \sqrt{17})$ $\pi \approx {}^{4}/_{\sqrt{34}} \ln\{12(4 + \sqrt{17})\}$

$\pi \approx {}^{12}/_{\sqrt{130}} \ln\{(2 + \sqrt{5}) (3 + \sqrt{13}) / \sqrt{2}\}$

$\pi \approx {}^{24}/_{\sqrt{142}} \ln\{(^{1}/_{4}(10 + 11\sqrt{2}))^{1/2} + (^{1}/_{4}(10 + 7\sqrt{2}))^{1/2}\}$ ...

3.1415926535897932384626433832795028841971693993

c. Unendliche Summenreihen für $1/\pi$ Werte :

Die wohl berühmteste Darstellung für eine unendliche Summe von Ramanujan ist

$$\frac{1}{\pi} = \frac{\sqrt{8}}{9801} \sum_{n=0}^{\infty} \frac{(4n)!(1103+26390n)}{(n!)^4 396^{4n}}$$

dies ist eine Speziallösung (N=58) für eine verwandte Funktion mit modularen Mengen. Gosper berechnete 17 Millionen Stellen von π mit dieser Summenformel.

Ramanujan gab noch weitere Formeln an, wie z.B.:

$$\frac{1}{\pi} = \sum_{n=0}^{\infty} \frac{(-1)^n (1123+21460n)(2n-1)!! \, (4n-1)!!}{882^{2n+1} \, 32^n \, (n!)^3}$$

$4/\pi = \sum [(6n+1) \, (^1/_2)_n^{\,3}] / [4^n \, (n!)^3] =$

$\quad = 1 + \frac{7}{4^1} \, (^1/_2)^3 + \frac{13}{4^2} \, (^{1*3}/_{2*4})^3 + \frac{19}{4^3} \, (^{1*3*5}/_{2*4*6})^3 + ...$

$4/\pi = \sum [(-1)^n (20n+3) \, (^1/_2)_n \, (^1/_4)_n \, (^3/_4)_n] / [2^{2n+1} \, (n!)^{\,3}] =$

$\quad = \sum [(-1)^n (20n+3) \, (2n+1)! \, (4n+1)! \, (4n-1)! \,] / [2^{2n+1} \, (n!)^3 \, (2n)! \, (4n)! \, (4n)!]$

...

d. Reihen mit $\dbinom{2n}{n}$:

$$\sum_{n=1}^{\infty} \frac{1}{\dbinom{2n}{n}} = \frac{2\pi\sqrt{3}+9}{27}$$

$$\sum_{n=1}^{\infty} \frac{1}{n\dbinom{2n}{n}} = \frac{2\pi\sqrt{3}}{9}$$

$$\frac{1}{\pi} = \sum_{n=0}^{\infty} \dbinom{2n}{n}^3 \frac{(42n+5)}{2^{12n+4}}$$

3.14159265358979323846264338327950288419971693993

Borwein, Borwein & Bailey berichten, dass diese Summenreihen Ramanujans sich aus Brüchen zusammensetzen, deren Zähler mit 2^{6n} wächst, und deren Nenner genau $16*2^{12n}$ sind. Dabei lässt sich nach Holloway diese Tatsache dazu benützen, den zweiten Block von n digitalen Ziffern ohne den ersten digitalen Block von π zu berechnen. Trotz dieser wunderbaren Entdeckung ergeben die Berechnungen enttäuschenderweise, keine Verbesserung in der Komplexität.

Zusätzliche Beispiele sind im Anhang - Ramanujan zu finden.

Ramanujans handgeschiebene Notizbücher wurden vollständig durchgearbeitet, mit entsprechenden Kommentaren versehen und veröffentlicht. Sie sind eine große Bereicherung für den gesamten Bereich der Zahlentheorie und anderen modernen mathematischen Gebieten, wie der Theorie von elliptischen und Gamma-Funktionen oder Modulargleichungen. Ramanujan war besonders angetan von der Frage der Näherungswerte für den Umfang einer Ellipse. Seine Näherungswerte waren sehr genau. Der Umfang einer Ellipse ist eng verbunden mit der *AGM*-Methode, das heisst mit den im Folgenden dargestellten Rechnungen mit arithmetischen-geometrischen Mittelwerten.

3.141592653589793238462643383279502884197169 93993

Von AGM und mehr

Wie keine andere irrationale Zahl hat π sowohl viele
mathcmatische Größen als auch Amateure über hunderte,
ja tausende von Jahren dazu bewegt, mehr und mehr
Dezimalstellen zu berechnen, oft mit mühsamen Methoden.
Dieser enorme Aufwand steht in keinem Verhältnis zu
seinem praktischen Wert. Für die meisten praktischen
Anwendungen sind 20 Stellen voll ausreichend.
Vielleicht kommt diese enorme Motivation von der Tatsache
der unbegrenzten Stellenzahl auf dem Weg zum Unendlichen.

Unbekannt

Die Mathematik ist eine herrliche Wissenschaft, aber die
Mathematiker taugen oft den Henker nicht.

Lichtenberg (1742-1799)

3.141592653589793238462643383279502884197169399 3

Während Untersuchungen von „*dihedral quartic fields*" sind *Morris Newman* und *Daniel Shanks* 1982 auf eine Zahlenreihe $\{a_n\}$ gestossen, mit deren Hilfe die Kreiszahl π als Näherungswert errechnet werden kann. In ihrer Veröffentlichung „*On a Sequence arising in Series for π*" haben sie diese besondere Methode erläutert.

Mit Hilfe der Zahlenreihe $\{a_n\}$

$$a_1 = 1 \qquad\qquad\qquad\qquad\qquad\qquad (1)$$
$$a_2 = 47$$
$$a_3 = 2488$$
$$a_4 = 138799$$
$$a_5 = 7976456$$
$$a_6 = 467232200$$
$$...$$

lassen sich bemerkenswerte Summenserien für π bilden.

$$\pi = \cfrac{1}{\sqrt{N\left\{-\ln|U| - 24\sum_{n=1}^{k}(-1)^n\frac{a_n}{n}U^n\right\}}} \qquad\qquad (2)$$

Dabei ist N eine positive ganze Zahl und $U = U(N)$ eine algebraische Zahl, die sich aus N bestimmen lässt. Einige dieser Summenreihen ragen durch ihre nahezu unglaublich schnelle Konvergenz besonders heraus.

Zum Beispiel, konvergiert Gleichung (2) für N = 3502 mit 79 Dezimalstellen pro iterativen Schritt plus dem Wert

$$-\left(\frac{1}{\sqrt{3502}}\right)\ln U$$

Nach dem ersten Rechenschritt weicht das Ergebnis von π nicht mehr als $7{,}27*10^{-82}$ ab. Es gelten folgende Definitionen :

$$U = U(3502) = (2\, d\, e\, f\, g)^{-6}$$

$d = D + \sqrt{(D^2 - 1)}$	$D = \frac{1}{2}(1071 + 184\sqrt{34})$
$e = E + \sqrt{(E^2 - 1)}$	$E = \frac{1}{2}(1553 + 266\sqrt{34})$
$f = F + \sqrt{(F^2 - 1)}$	$F = \frac{1}{2}(429 + 304\sqrt{2})$
$g = E + \sqrt{(G^2 - 1)}$	$G = \frac{1}{2}(627 + 266\sqrt{2})$

Mit diesem Beispiel ergeben die obengenannten sechs Werte von a_n die Zahl π auf 500 Dezimalstellen genau.

Für N = 2737 und   D = ½ (621 + 49√161)   E = ½ (321 + 25√161)
                          F = ½ (393 + 31√161)   G = ½ (2529 + 199√161)

konvergiert Gleichung (2) mit diesen Werten „nur" mit 69 Dezimalstellen pro Rechenschritt. Weitere Beispiele findet man bei Daniel Shanks „*Dihedral Quartic Approximations and Series for π*".

Die zur Berechnung von π notwendigen Werte der Serie {a_n} kann man über mehrere Methoden berechnen. Folgende ist von *D. Zaiger* (im Appendix der Veröffentlichung von Daniel Shank) :

$$a_n = C (64^n) / \sqrt{n} \{1 - \alpha_1 / n + \alpha_2 / n^2 + ...\}$$

mit $C = (\sqrt{\pi} / 12) (\Gamma(3/4)^2) / (\Gamma(1/4)^2)$ = 0,0168732651505...
     $\alpha_1 = 6 (\Gamma(3/4)^4) / (\Gamma(1/4)^4)$ = 0,07830067...
     $\alpha_2 = 60 \{(\Gamma(3/4)^8) / (\Gamma(1/4)^8)\} - 1 / 128$ = 0,002405668...

n	a_n
1	1
2	47
3	2488
4	138799
5	7976456
6	467232200
7	27736348489
8	1662803271215
9	100442427373480
10	6103747246289272
11	372725876150863808
12	22852464771010647496
13	1405886026610765892544
14	86741060172969340021952
15	5365190340823180439326208
16	332577246704242939511725615
17	20655377769544663820919905000
18	1285027807539621869480480977880
19	80066610886753513409821525593280
20	4995543732566526565060187887772024

3.14159265358979323846264338327950288419716939 93

Und nun zum AGM.

Wie schon zu Beginn dieses Buches erwähnt, benützten die Babylonier einen sehr effektiven Algorithmus zur Berechnung einer Quadratwurzel einer positiven Zahl Z, bei dem man mit einem Schätzwert a_0 beginnt, und dann iterativ den Wert a_n verbessert.

Die babylonische Methode ist

$$a_1 = \tfrac{1}{2}\,(a_0 + Z/a_0)$$

...   und $a_n = \sqrt{Z}\,; n = 1, 2, 3...$

Durch Umformung erhält man

$$x_{n+1} = \tfrac{1}{2}\,(x_n + Z / x_n) \qquad \text{mit} \qquad y_{n+1} = Z / x_n$$

ergibt sich

$$x_{n+1} = \tfrac{1}{2}\,(x_n + y_n) \qquad\qquad \equiv f(x)$$
$$y_{n+1} = Z / x_{n+1} = 2\,(x_n\,y_n) / (x_n + y_n) \equiv g(x)$$

Es gilt hier anzumerken, dass

x_{n+1} gleich dem arithmetischen Mittelwert von x_n und y_n, und
y_{n+1} gleich dem harmonischen Mittelwert von x_n und y_n sind.

Zur weiteren Betrachtung folgen Definitionen gebräuchlicher Mittelwerte:

Arithmetischer Mittelwert: $A = \tfrac{1}{2}\,(x_n + y_n)$ oder auch
                                 $A = {}^1\!/_n\,(x_n + y_n + z_n + ... + k_n)$

Geometrischer Mittelwert: $G = \sqrt{(x_n\,y_n)}$ oder auch
                                 $G = (x_n \cdot y_n \cdot z_n \cdot ... \cdot k_n)^{1/k}$

Harmonischer Mittelwert: $H = 2\,(x_n\,y_n) / (x_n + y_n)$ oder
                                 $H = \{\,{}^1\!/_n\,(1/x_n \cdot 1/y_n \cdot 1/z_n \cdot ... \cdot 1/k_n)^{-1/k}$

Quadratischer Mittelwert: $Q = \{\,{}^1\!/_n\,(x_n^{\,2} + y_n^{\,2} + z_n^{\,2} + ... + k_n^{\,2}\}^{1/2}$

k-tes Potenz Mittelwert: $P = \{\,{}^1\!/_n\,(x_n^{\,k} + y_n^{\,k} + z_n^{\,k} + ... + k_n^{\,k}\}^{1/k}$

3.14159265358979323846264338327950288419716939 93

Der Algorithmus für das arithmetisch-geometrische Mittel, allgemein bezeichnet als *AGM,* wurde bereits 1811 von *Legendre* in *„Exercises de Calcul Integral"* bei der Vereinfachung und Auswertung von elliptischen Integralen verwendet. *Gauss* entdeckte den AGM unabhängig bereits als vierzehnjähriger 1791, was ihn dann 1799 mit einer eleganten Integral-Darstellung von Lemniskaten-Funktionen zu den allgemeinen elliptischen Funktionen brachte. Der AGM von x_0 und y_0 wird dabei als $L_{12}(x_0, y_0)$ definiert.

Gauss erstellte die Gleichung

$$1 / L_{12}(x_0, y_0) = 2/\pi \int_0^{\pi/2} (x_0^2 \cos^2\varphi + y_0^2 \sin^2\varphi)^{1/2} d\varphi$$

und benützte für $x_0 = 1$ und $y_0 = \sqrt{2}$; das Ergebnis dieses Integral`s entspricht dem ¼ des Umfangs des Lemeniskate Bernoullis. Eine Lemniskate kann man durch eine Polar-koordinatengleichung wie

$$r = a \sqrt{2\cos(2\phi)}$$

darstellen, wobei der Koordinatenursprung zugleich Knotenpunkt und Wendepunkt der Funktion ist.

Lemniskate $\rho = 2 \cos(2\phi)$ $\rho = 4 \sin\phi$

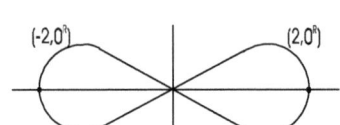 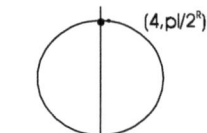

Der AGM ist auch eng verbunden mit der Berechnung des Umfangs oder Bogenstücke einer Ellipse. *Gauss* beschrieb in langen Einzelheiten die Berechnung und Anwendung von AGM. Ein Zahlenbeispiel von Gauss soll die Konvergenz und den zu erreichenden Grenzwert aufzeigen.

$$x_1 = ½ (x_0 + y_0) \qquad y_1 = \sqrt{(x_0 y_0)}$$
$$x_2 = ½ (x_1 + y_1) \qquad y_2 = \sqrt{(x_1 y_1)}$$
$$\dots$$
$$x_{n+1} = ½ (x_n + y_n) \qquad y_{n+1} = \sqrt{(x_n y_n)}$$

3.141592653589793238462643383279502884197169399 3

x_n und y_n konvergieren zu den gleichen Grenzwerten, die durch

$$\mathbf{AGM(} x_0, y_0) \equiv M\left(\frac{x_0 + y_0}{2}, \sqrt{x_0 * y_0} \right)$$

d.h. das arithmetisch-geometrisch Mittel AGM von x_0 und y_0 bestimmt ist.
Mit $x_0 = 1$ und $y_0 = 0{,}8$ wird

$x_1 = 0{,}9$	$y_1 = 0{,}894427190999915...$
$x_2 = 0{,}897213595499957...$	$y_2 = 0{,}897209268732734...$
$x_3 = 0{,}897211432116346...$	$y_3 = 0{,}897211432113738...$
$x_4 = 0{,}897211432115042...$	$y_4 = 0{,}897211432115042...$

Dieses Beispiel lässt erkennen, wie schnell $\{x_n\}$ und $\{y_n\}$ zu den gleichen Grenzwerten konvergieren. Um während des iterativen Rechenvorgang eine quantitative Bewertung nach jedem Rechenschritt zu bekommen, hat man den Wert c_n eingeführt :

$$c_n = \sqrt{(a_n^2 - b_n^2)} \qquad \text{wobei } c_n \text{ quadratisch gegen NULL geht.}$$
$$c_{n+1} = \tfrac{1}{2}(a_n - b_n) = c_n^2 / (4\,a_{n+1})$$

Ein iterativer Algorithmus ist eine Rechenvorschrift, die wiederholt angewendet wird und das Ergebnis eines Rechenschrittes als Eingabewert für den nächsten dient.

Gauss erreichte folgende äusserst wichtige Darstellung von M mit $|x| \angle 1$

$$K(k) = \int_0^{\pi/2} (1 - k^2 \sin^2\varphi)^{-1/2}\, d\varphi \qquad \text{und}$$

$$AGM(1+k,\ 1-k) = \pi / (2\,i(x))$$

Nach entsprechender Umformung wird

$$K(k) = \sum_{i=0}^{\infty} \{(1/2)_i / (i!)\}\, k^{2i} \int_0^{\pi/2} \sin^{2i}\varphi\ d\varphi = \pi/2 \sum_{i=0}^{\infty} \{(1/2)_i^2 / (i!)^2\}\, k^{2i}$$

Dieses Integral K(x) heisst das vollständige elliptische Integral der ersten Ordnung. Die Definition des vollständigen elliptischen Integrals der zweiten Ordnung ist

$$E(k) = \int_0^{\pi/2} (1 - k^2 \sin^2\varphi)^{+1/2}\, d\varphi$$

3.1415926535897932384626433832795028841971693993

Mit der Umformung ergibt sich dann

$$I(a,b) = \int_0^{\pi/2} (a^2 \cos^2\varphi + b^2 \sin^2\varphi)^{-1/2} \, d\varphi$$

und

$$I(a,b) = 1/a \, K(k) \quad \text{mit} \quad I(a,b) = I((a+b)/2, \sqrt{ab})$$

$$I(a_0,b_0) = \lim_{n \to \infty} (a_n,b_0)$$

$$\text{und} \quad k = 1/a \, \sqrt{(a^2 - b^2)}$$

wird $\quad I(a_0,b_0) = \pi/2 \, \dfrac{1}{AGM(a_0,b_0)}$

Setzt man $k' = \sqrt{(1-k^2)}$ wird

$$K(k) \, E(k') + K(k') \, E(k) - K(k) \, K(k') = \pi/2$$

Ähnlich ergibt sich für

$$J(a,b) = \int_0^{\pi/2} (a^2 \cos^2\varphi + b^2 \sin^2\varphi)^{+1/2} \, d\varphi$$

$$J(a,b) = (a^2 - \tfrac{1}{2} \sum_{n=0}^{\infty} 2^n \, c_n^2) \, I(a,b) \qquad I(a,b) \text{ ist definiert wie oben}$$

Somit wird $\quad J(a,b) = a \, E(k) \qquad k = 1/a \, \sqrt{(a_n^2 - b_n^2)}$

Mit $K(k)$ und $E(k)$ als Basis, $k = k' = 1/\sqrt{2}$, $a = 1$ und $b = 1/\sqrt{2}$ lässt sich nun π berechnen.

$$\pi = \frac{4 \, AGM^2 \left(1, 1/\sqrt{2}\right)}{1 - \sum_{n=1}^{\infty} 2^{n+1} \, c_n^2}$$

$$\text{wobei} \quad c_n = \sqrt{(a_n^2 - b_n^2)}$$

3.14159265358979323846264338327950288419716939 93

1976 haben *E. Salamin* „*Computation of π using arithmetic-geometric means*" und *R.P.Brent* „*Fast multiple-precision evaluation of elementary functions*" unabhängig voneinander all dies im Hinblick auf einen effektiven Algorithmus zur Berechnung von π abgeleitet bzw. wieder entdeckt, und daraus einen sehr schnell konvergierenden Algorithmus für Computer-Anwendung erstellt. Salamin gab in seiner Publikation eine Abschätzung für eine numerische Auswertung mit einem ILLIAC IV Computer, die etwa 33 Millionen Stellen als mögliches Ergebnis voraussah.

Der von *Salamin* entwickelte und veröffentlichte Algorithmus benützt das von Gauss und Legendre definierte algebraische-geometrische Mittel.

Die Bestimmung von AGM(a_0 , b_0) mit $a_0=1$, $b_0 = \dfrac{1}{\sqrt{2}}$ und $c_0 = \dfrac{a_0 - b_0}{2}$ erfolgt nach

der Standard-AGM-Methode $\quad a_n = \dfrac{a_{n-1} + b_{n-1}}{2} \qquad b_n = \sqrt{a_{n-1}b_{n-1}} \qquad c_n = \dfrac{a_n - b_n}{2}$

Durch Iteration mit n = 1,2,3... ergibt sich

$$\pi = \frac{4 a_{n+1}^2}{1 - \sum_{i=1}^{n} 2^{i+1} c_i^2}$$

Eine Analyse der quantitativen Bewertung von eps = c_n / 10^k für k zu berechnenden Dezimalstellen zeigt Folgendes (eps ist die sogenannte *error performance solution*):

Iterations-Schritt	eps	Richtige Dezimalstellen	
1	1×10^{-1}	1	
2	6×10^{-3}	3	
3	1×10^{-5}	9	
4	4×10^{-11}	15	
5	5×10^{-22}	42	
6	7×10^{-44}	85	
7	1×10^{-87}	173	
8	7×10^{-175}	347	
9	2×10^{-349}	698	
10	9×10^{-699}	1393	
11	2×10^{-1397}	2792	etc.

Beim Salamin Algorithmus verdoppelt sich die Anzahl der richtigen Dezimalstellen etwa bei jedem Iterationsschritt.

3.141592653589793238462643383279502884197169399

Bei der Wiederentdeckung dieses *Gauss-Legendre-Salamin* Algorithmus ergab sich eine interessante, schnell konvergierende, unendliche Produktreihe für e^π.

Mit $a_0 = 1$ und $b_0 = 2^{-1/2}$, und die entsprechende $\mathrm{AGM}(a_0,b_0)$ Entwicklung wird

$$e^\pi = 32 \prod_{j=0}^{\infty} (\frac{a_{j+1}}{a_j})^{2^{-j+1}}$$

Mit dem obengezeigten Salamin-Brent Algorithmus für π haben *Kanada* und *Tamura* von der Universität Tokyo 1983 über 16 Millionen korrekte Dezimalstellen von π berechnet.

Mit grossem Erstaunen bemerkte *Eugene Salamin* in seiner Schlussbetrachtung, dass solch eine relativ einfach zu entwicklende Formel lange übersehen wurde. Immerhin war die Gauss-Methode zur Berechnung von elliptischen Integralen seit 1818 und *Legendres* Beziehung zwischen elliptischen Integralen seit 1811 bekannt.

Im Jahre 1977 entdeckte *Brent*, dass mit AGM neben π auch andere fundamentale Funktionen beziehungsweise Konstanten berechnet werden können. Aus der Theorie der elliptischen Funktionen ist zum Beispiel bekannt, dass

$$K(x) \approx \ln \frac{4}{\sqrt{1-x^2}}$$ und von der Funktionentheorie weiß man, dass

$$K(x) = \frac{\pi}{2\,\mathrm{AGM}(1, \sqrt{1-x^2})}$$

und somit

$$\ln \frac{4}{\sqrt{1-x^2}} \approx \frac{\pi}{2\,\mathrm{AGM}(1, \sqrt{1-x^2})}$$

Nimmt man für $\sqrt{1-x^2} = 4 * 2^{-n}$, so findet man

$$\ln 2 \approx \frac{\pi}{2n\,\mathrm{AGM}(1, 2^{2-n})}$$

für grosse Werte von n.

3.14159265358979323846264338327950288419716939993

J.M. Borwein und *P.B. Borwein* haben für die AGM Methode weitere theoretische Studien und Untersuchungen gemacht, und weitere Algorithmen zur Berechnung von π entwickelt. In ihrer Veröffentlichung *„More Quadratically Converging Algorithms for π"* haben sie zwei neue Algorithmen vorgestellt. Als Basis ihrer Entwicklung benützen sie weitere Formeln von Legendre.

Mit $\qquad k = \sin(\dfrac{\pi}{12}) = \dfrac{(\sqrt{6}-\sqrt{2})}{4}$ wird $\qquad \dfrac{\pi}{4} = \sqrt{3}\,K\left(E - \dfrac{\sqrt{3}+1}{2\sqrt{3}}K\right)$

und mit $\quad k = \cos(\dfrac{\pi}{12}) = \dfrac{\sqrt{6}+\sqrt{2}}{4}$ wird $\qquad \dfrac{\pi}{4} = \dfrac{1}{\sqrt{3}}K\left(E - \dfrac{\sqrt{3}-1}{2\sqrt{3}}K\right)$

ergeben sich folgende zwei Algorithmen:

(1) Mit $\quad a_0 = 1 \qquad b_0 = \dfrac{\sqrt{6}+\sqrt{2}}{4} \qquad c_0 = \dfrac{\sqrt{6}-\sqrt{2}}{4}$

und $\qquad a_{n+1} = \dfrac{a_n + b_n}{2} \qquad b_{n+1} = \sqrt{ab} \qquad c_{n+1} = \dfrac{c_n^2}{4\,a_{n+1}}$

ergibt sich für

$$\pi_n = \frac{2(a_{n+1})^2}{(1 - \sum_{j=0}^{n} 2^j c_j^2)\sqrt{3} - 1}$$

(2) Mit $\quad a_0 = 1 \qquad b_0 = \dfrac{\sqrt{6}-\sqrt{2}}{4} \qquad c_0 = \dfrac{\sqrt{6}+\sqrt{2}}{4}$

und $\quad a_{n+1} = \dfrac{a_n + b_n}{2} \qquad b_{n+1} = \sqrt{ab} \qquad c_{n+1} = \dfrac{c_n^2}{4\,a_{n+1}} \qquad$ wird

$$\pi_n = \frac{6(a_{n+1})^2}{(1 - \sum_{j=0}^{n} 2^j c_j^2)\sqrt{3} + 1}$$

3.1415926535897932384626433832795028841971693993

Ähnlich wie beim Salamin-Brent Algorithmus verdoppeln sich etwa die richtigen Dezimalstellen für die gezeigten Borwein-Borwein Algorithmen je Iterationsschritt:

Iterationsschritt	1	2	3	4	5	6	7	8	9	10	11	etc.
Algorithmus Nr.1 :	2	7	16	37	73	149	300	603	1208	2419	4842	Stellen
Algorithmus Nr.2 :	0	1	3	10	23	48	98	200	401	804	1611	Stellen

Borwein und Borwein haben auf weitere Beispiele auf Basis von AGM und einer allgemeinen Klasse von elliptischen Integralen, dessen Ableitungen und Anwendungen sich auf die Theorie von elliptischen Integralen höherer Ordnung beziehen, hingewiesen; insbesondere haben sie folgende Beispiele gezeigt:

Mit

$k = \tan(\pi/8) = \sqrt{2} - 1$ wird $\pi/2 = K(2\sqrt{2}\, E - 2K)$

$k = \sqrt{2}\,(3-\sqrt{7})\,/\,8$ $\pi/2 = K(2\sqrt{7}\, E - (\sqrt{7} + 2)K)$

$k = (\sqrt{2} - 3^{1/4})(\sqrt{3} - 1)\,/\,2$ $\pi/2 = K(2\sqrt{9}\, E - (\sqrt{9} + 27^{1/4}\,(\sqrt{6} -\sqrt{2})\,)K)$

Aus der allgemeinen Forschung auf dem Gebiete der Zahlentheorie haben die Brüder Borwein eine allgemeine Methode zur Berechnung von konvergierenden Algorithmen höherer Ordnung zur Berechnung gewisser elementarer mathematischer Konstanten entwickelt.

Ihre Algorithmen mit quadratischer Konvergenz für $1/\pi$ können wie folgt beschrieben werden :

(1) Setzt man

$$y_0 = \frac{1}{\sqrt{2}} \qquad und \qquad a_0 = \frac{1}{2}$$

und iteriert man

$$y_{n+1} = \frac{1-\sqrt{1-y_n}}{1+\sqrt{1-y_n}}$$

$$a_{n+1} = a_n(1+ y_{n+1})^2 - 2^{n+1} y_{n+1}$$

(2) und setzt man

$$y_0 = \sqrt{2} -1 \qquad und \qquad a_0 = 6 - 4\sqrt{2}$$

iteriert man

$$y_{n+1} = \frac{1-\sqrt[4]{1- y_n^4}}{1+\sqrt[4]{1+ y_n^4}} \qquad und$$

$$a_{n+1} = a_n(1+ y_{n+1})^4 - 2^{2n+3} y_{n+1}(1+ y_{n+1} + y_{n+1}^2)$$

3.14159265358979323846264338327950288419711693993

(3) und setzt man

$$y_0 = \sqrt{\sqrt{2}-1} \qquad a_0 = \sqrt{2}-1 \qquad r = 2$$

$$y_{n+1} = \frac{1 - \sqrt[4]{1 - y_n^4}}{1 + \sqrt[4]{1 + y_n^4}}$$

$$a_{n+1} = a_{n+1}(1 + y_{n+1}) - 4^{n+1} y_{n+1}\sqrt{r}\,(1 + y_{n+1} + y_{n+1}^2)$$

(4) ähnlich ist mit

$$a_0 = \frac{1}{3} \qquad r_0 = \frac{\sqrt{3}-1}{2} \qquad s_0 = (1 - r_0^3)^{1/3}$$

$$r_{n+1} = \frac{3}{1 + 2(1 - s_n^3)^{1/3}}$$

$$a_{n+1} = a_n r_{n+1}^2 - 3^n(r_{n+1}^2 - 1)$$

alle a_n konvergieren quadratisch zu $1/\pi$, d.h. die Zahl der richtigen Dezimalstellen verdoppeln sich mit jedem Iterationsschritt:

und

$$\lim_{n \to \infty} 1/a_n = \pi$$

Die Borweins veröffentlichten eine grosse Zahl von effektiven Algorithmen. Ein überaus stabiler und sehr schnell konvergierender ist wie folgt:

Man setzt

$$x_0 = \sqrt{2} \qquad y_0 = 0 \qquad \pi_0 = 2 + \sqrt{2} \qquad \text{und iteriert}$$

$$y_{n+1} = \sqrt{x_0}\left(\frac{y_n + 1}{y_n + x_0}\right)$$

$$\pi_{n+1} = \pi_n y_{n+1}\left(\frac{1 + x_{n+1}}{1 + y_{n+1}}\right)$$

Iterationsschritt	1	2	3	4	5	6	7	8	9	etc.
Richtige Dezimalstellen	2	7	18	39	82	169	343	693	1392	

3.14159265358979323846264338327950288419716939 93

Zwanzig Iterationen ergeben über zwei Millionen richtige Dezimalstellen. Wie die *Borweins* anmerken, ist dieser Algorithmus nicht selbst-korrigierend, so dass alle Rechenschritte mit voller Rechengenauigkeit durchgeführt werden müssen. Mit anderen Worten, bei der Berechnung von π von zum Beispiel 10 000 Dezimalstellen benötigen alle Iterationsschritte mehr als 10 000 Stellengenauigkeit.

Aus den vielen Algorithmen der *Borweins* basiert folgende Formel auf einer Modular-Gleichung 5. Ordnung und konvergiert zu 1/π entsprechend schnell.

Man setzt $\quad s_0 = 5(\sqrt{5} - 2) \qquad a_0 = \frac{1}{2}$

$$s_{n+1} = \frac{25}{(z + x/z + 1)^2 \, s_n} \quad mit \qquad x = \frac{5}{s_n} - 1$$

$$y = (x-1)^2 + 7$$

$$z = [\frac{1}{2} x (y + \sqrt{y^2 - 4 x^3})]^{1/5}$$

$$a_{n+1} = s_n^2 \, a_n - 5^n [\frac{1}{2}(s_n^2 - 5) + \sqrt{s_n(s_n^2 - 2 s_n + 5)}]^{1/5}$$

$$\pi = \lim(n \to \infty) \; 1/a_{n+1}$$

Einen Algorithmus ganz anderer Art haben sich *M. Beeler, R.W. Gosper und R. Schroeppel* im MIT Aritificial Intelligence Laboratory „HAKMEM" ausgedacht:

$$p_n = p_{n-1} + \sum_{i=0}^{\infty} (-1)^i \frac{p_{n-1}^{(2i+1)}}{(2i+1)!}$$

Dies entspricht $f_n = f_{n-1} + \sin f_{n-1}$ und benützt das periodische Verhalten der sinus Kreisfunktion. Als Startwert f_0 setzt man irgendeinen Zahlenwert und iteriert; f_n konvergiert zu einem Vielfachen von π.

Als Beispiele dienen $f_0 = 8$; und $f_0 = 160$; damit ergibt sich folgende Ergebnissequenz

0	8,0	0	160,0
1	8,98935 82466 23381 77780 ...	1	160,21942 52583 79004 73712 ...
2	9,41114 92370 46369 32649 ...	2	160,22122 53321 07334 29933 ...
3	9,42477 75388 68647 09524 ...	3	160,22122 53330 79455 16159 ...
4	9,42477 79607 69379 71537 ...	4	160,22122 53330 79455 16159 ...
5	9,42477 79607 69379 71538 ...		

Somit sind $3\pi = 9,4277\ 79607...$ und $51\pi = 160,22122\ 53330...$ die am nächsten liegenden Nulldurchgänge. Für eine hochgenaue Berechnung benötigt man jedoch eine schnellkonvergierende Reihenentwicklung für den Sinus-Wert.

3.14159265358979323846264338327950288419716939 93

Spigot Algorithmus

Einen überaus interessanten Algorithmus zur Berechnung von bestimmten Zahlenwerten wie √2 , Konstanten wie die Basis der natürlichen Logarithmen e und der Kreiszahl π haben *Stanley Rabinowitz „A Spigot Algorithm for π"* und *Stan Wagon „A Spigot Algorithm for the Digits of π"* vorgestellt.

Diese Rechenvorschrift funktioniert ähnlich einem tropfenden Wasserhahn (englisch - spigot). Sie produziert eine Stellenzahl nach der anderen wie ein Tropfen nach dem anderen, ohne die vorhergehende Zahl zu benützen.

   - Die „herauströpfelnden" Ziffern benötigen keine hochgenaue Rechenmethode
   - Der Algorithmus benützt einfach-genaue Ganz-Zahlen-Arithmetik.

Zum allgemeinen Verständnis zuvor einige Ausführungen zu verschiedenen Zahlensystemen und deren Darstellung.

Das Bildungsgesetz für die Darstellung polyadischer Zahlensysteme lautet

$$z = \sum_{i=-m}^{n} a_i b^i$$ mit b als Basis und mit a_i als Ziffern des Zahlensystems

Zahlensystem mit einheitlischer Basis	Basis	Zulässige Ziffern
Dual -System	2	0,1
Oktal -System	8	0,1,2,3,4,5,6,7
Dezimal -System	10	0,1,2,3,4,5,6,7,8,9
Hexadezimal -System	16	0,1,2,3,4,5,6,7,8,9,A,B,C,D,E,F

Beim Hexadezimalsystem stehen die Buchstaben A - F für die Werte 10 - 15.

Zum Beispiel sind
$$10001011.1101_2 \equiv 213.64_8 \equiv 139{,}8125_{10} \equiv 8B.D_{16}$$

Die obengenannte Summenformel kann in einem Zahlensystem mit einheitlicher Basis auch wie folgt dargestellt werden :

$$(\dots a_3\, a_2\, a_1\, a_0\, .\, a_{-1}\, a_{-2} \dots)_b = \dots + a_3 b^3 + a_2 b^2 + a_1 b^1 + a_0 + a_{-1} b^{-1} + \dots$$

Mit b=10, das heisst im Dezimalsystem, ergibt sich für

$$139{,}8125_{10} = 1*10^2 + 3*10^1 + 9*10^0 + 8*10^{-1} + 1*10^{-2} + 2*10^{-3} + 5*10^{-4}$$

3.1415926535897932384626433832795028841971693993

Die Entwicklung der verschiedenen Zahlendarstellungen und Zahlensysteme ist eine faszinierende Geschichte, denn sie verläuft parallel zur Entwicklung unserer Zivilisation. Unser Dezimalsystem wurde zuerst nur für ganze Zahlen benützt. Als man Brüche, das heisst Zahlenwerte kleiner Eins benötigte, benützen Astronomen für ihre Tabellen und Karten das von Ptolemäus erstellte Zahlensystem mit sexagesimalen Brüchen und deren Darstellung. Noch heute verwenden wir dieses System sowohl in unserer Trigonometrie mit Winkelgraden, Minuten und Sekunden, als auch in unserer Zeitdarstellung mit Stunden, Minuten und Sekunden. Dies sind Überbleibsel des babylonischen Sexagesimal-Systems. Diese Systeme sind nicht auf einer einheitlichen Zahlensystembasis aufgebaut; man spricht hier von einer gemischten Basis, wie eben man zum Beispiel von

3 Wochen - 4 Tagen -1 Stunde - 49 Minuten - 7 Sekunden - 99 Hundersteln Sek. spricht.

Noch bis vor 25 Jahren benützte man im United Kingdom (UK) Pfund, Shilling, und Pence mit uneinheitlicher Zahlenbasis im Geldverkehr :
    z.B.   1 Pfund = 20 Shilling;   1 Shilling = 12 Pence.

Hierbei wurden Pfund im Dezimalsystem, Shilling im 20-er und Pence im Duo-Dezimal-System aufgezählt.
    z.B.   30 Pfund & 18 Shilling & 11 Pence $= 30_{10}\ 18_{20}\ 11_{12}$

Allgemein werden die verschiedenen Basiswerte eines nicht-einheitlichen Basissystem mit c_i bezeichnet.

$$\ldots a_3\,c_3 + a_2\,c_2 + a_1\,c_1 + a_0\,c_0 + a_{-1}/c_{-1} + a_{-2}/c_{-2} + a_{-3}/c_{-3} + \ldots$$

Im Dezimalsystem kann man die Standard-Darstellung auch in eine fortlaufende Anordnung von Klammerausdrücken umformen, und erhält zum Beispiel für

$$e = 2{,}718281\ldots = 2 + \tfrac{1}{10}(7 + \tfrac{1}{10}(1 + \tfrac{1}{10}(8 + \tfrac{1}{10}(2 + \tfrac{1}{10}(8 + \tfrac{1}{10}(1+\ldots))))))$$

Interessant wird die Sache, wenn man die bisher benützte einheitliche Basis in eine gemischte Basisdarstellung wie $c=(1/1;1/2,1/3,1/4,1/5\ldots)$ ändert. *D.E. Knuth* beschreibt dies eingehend in *„The Art of Computer Programming - Band 2"* :

$$a_0 + \tfrac{1}{2}(a_1 + \tfrac{1}{3}(a_2 + \tfrac{1}{4}(a_3 + \tfrac{1}{5}(a_4 + \tfrac{1}{6}(a_5 + \ldots)))))$$

3.1415926535897932384626433832795028841971693993

Die Zahl e wird dann zu

$$e = 2{,}718281 \ldots = 1 + \tfrac{1}{1}(1 + \tfrac{1}{2}(1 + \tfrac{1}{3}(1 + \tfrac{1}{4}(1 + \tfrac{1}{5}(1 + \ldots)))))$$

Nun lässt sich natürlich auch die Kreiszahl π mit gemischten Basiswerten darstellen. Euler hatte die Leibniz-Reihe wie folgt umgeformt :

$$\frac{\pi}{2} = \sum_{i=0}^{\infty} \frac{i!}{(2i+1)!!} = 1 + \frac{1}{3} + \frac{1}{3} * \frac{2}{5} + \frac{1*2}{3*5} * \frac{3}{7} + \frac{1*2*3}{3*5*7} * \frac{4}{9} + \ldots \quad k!! = 1*3*5*7..$$

Somit ergibt sich $\qquad \dfrac{\pi}{2} = 1 + \dfrac{1}{3}(1 + \dfrac{2}{5}(1 + \dfrac{3}{7}(1 + \dfrac{4}{9}(1 + \ldots))))$

Die gemischte Basis ist dabei $\qquad c = (\dfrac{1}{1}; \dfrac{1}{3}, \dfrac{2}{5}, \dfrac{3}{7}, \dfrac{4}{9}, \ldots) \qquad$ und für π ergibt sich

dann $\qquad\qquad \pi = (2; 2,2,2,2,2, \ldots)_c$

Die Auflösung dieser nicht-einheitlichen Basisdarstellung erfolgt in einem mathematischen Verfahren ähnlich dem Horner-Schema. Der entsprechende Algorithmus ist die oben-genannte iterative Spigot oder Tröpfel-Rechenvorschrift mit n = der Zahl der zu berechnenden Stellen.

Man setzt $\quad r(i)_{i=0}^{i=4n} = 2 \equiv [2; 2,2,2 \ldots 2] \qquad s(0) = 0 \qquad p(0) = 0$

Mit zwei in sich verschachtelten Iterations-Schleifen rechnet man wie folgt :

---

j - Schleife :

---

i - Schleife : $z_i = 10\, r_{i-1} + s_{i-1}$
$\qquad\qquad\quad s_i = [z_i / (2(i-1)+1)]\, (i-1)$
$\qquad\qquad\quad r_i = z_i \bmod (2(i-)+1)$

$p(j) = z_i / 10$
$r(j) = z_i \bmod 10$
Ziffer-Korrektur wenn $p)(j) > 9 : p(j) = p(j) - 10$

3.14159265358979323846264338327950288419716939 93

Die meisten in diesem Buch aufgeführten Algorithmen erlauben im Prinzip π auf Millionen von Stellen zu berechnen. Derartige Berechnungen werden fast ausschließlich an größeren Universitäten oder Forschungsstätten auf sehr leistungsfähigen Computern, ja Supercomputern, wie am Cray-Computer bei der NASA Research, durchgeführt.

David und *Gregory Chudnovsky*, zwei brillante wenn auch manchmal exzentrische Brüder, beide aus der früheren UDSSR in die USA eingewandert, haben sich gegen diesen Trend gewandt. Sie konstruierten und bauten ihren Computer in ihrem Appartement in Manhatten aus allgemein auf dem Markt zur Verfügung stehenden Teilen, die sie oft über Versandhäuser bezogen. Dieser Computer nahm über die Zeit praktisch den gesamten Raum des Apartments ein. Alles verschwand unter Bergen von elektronischen Computer-Bauteilen, Verbindungsleitungen, Kabel usw. Da der Stromverbrauch nicht optimiert war, wahrscheinlich auch nicht werden konnte, entwickelte sich eine übermäßige Hitze, manche meinten mit höllischer Dimension.

Trotz alledem haben die Brüder *Chudnovsky* sehr erfolgreiche Arbeit geleistet, auch auf dem Gebiet der Berechnung von π auf viele Millionen Stellen . Im Mai 1989 erreichten sie 480 Millionen Stellen, und 5 Jahre später 4 044 000 000 richtige Dezimalstellen. Sie benützten keinen der sehr schnell konvergierenden Algorithmen, wie den Salamin-Brent oder einen der Borweinschen, sondern setzten eine unendliche Reihenentwicklung von Ramanujan ein, bei der jede Iteration 18 richtige Stellen produzierte:

$$\frac{1}{\pi} = \frac{6541681608}{640320^{3/2}} \sum_{k=0}^{\infty} \left(\frac{13591409}{545140134} + k \right) \frac{(-1)^k (6k)!}{(3k)! (k!)^3 640320^{3k}}$$

3.141592653589793238462643383279502884197169399

Berechnung individueller Ziffern von π

Zu Beginn des Jahres 1995 traten *David Bailey, Peter Borwein* und *Simon Plouffe* mit einer absolut neuen Entwicklung für die Berechnung von π an die Öffentlichkeit. Ohne irgendeine vorhergehende Stelle von π zu bestimmen, berechneten sie individuelle Ziffern in der hexadezimalen Zahlenebene. Sie benützten

$$\pi = \sum_{n=0}^{\infty} \frac{1}{16^n} \left\{ \frac{4}{8n+1} - \frac{2}{8n+4} - \frac{1}{8n+5} - \frac{1}{8n+6} \right\}$$

Diese bemerkenswerte Formel wurde durch intensive Suche mit Hilfe von Computern und dem PSLQ Integer Relation Algorithmus entdeckt. Dieser PSLQ Algorithmus beruht auf einer Methode, die erkennt, ob eine Konstante eine Kombination von anderen, möglichst noch fundamentaler Konstanten ist. Solch eine Computer-Suche für bestimmte oder auch spekulative Lösungen stellen einen ganz neuen Weg dar und damit eine Richtungsänderung in der Suche nach Algorithmen für die Berechnung von π.

Als überaus erstaunlich wird diese Formel gepriesen, nachdem nach einigen tausend Jahren nun neue fundamentale Erkenntnisse entdeckt worden sind. *Bailey, Borwein* und *Plouffe* berechneten damit die 10-milliardeste Ziffer in hexadezimaler Darstellung.
Diese neue Methode ermöglicht auch die Errechnung von n-ten Ziffern anderer Konstanten wie Zeta(3), π∗√3, log(2), log²(2), log(9/10), (2/√5)∗log(τ), etc., wobei τ die Zahl des goldenen Schnittes ist.

n-te hexadezimale Stelle von π :

Bailey, Borwein, Plouffe	Nov. 1995	$40 * 10^9$:	Hex 921C73C6838FB2
Bellard	Juli 1996	$200 * 10^9$:	Hex 1A10A49B3E2B82
Bellard	Okt. 1996	$400 * 10^9$:	Hex 9C381872D27596F
Percival	Jan. 1998	$800 * 10^9$:	Hex 3E6FBDAC38A971
Bellard	Sept. 1997	$1 * 10^{12}$:	Hex 87F72B1DC978691
Pihex Project	Aug. 1998	$5 * 10^{12}$:	Hex 07E45733CC790B5
Pihex Project	Febr. 1999	$40 * 10^{12}$:	Hex A0F9FF371D17593

Bellard konvertierte auch den von ihm errechneten Hex-Wert in eine Binär-Zahl :

	Sept. 1997	$1 * 10^{12}$:	Bin 1000 0111 1111 0111..
Percival	1999	$40 * 10^{12}$:	Binär Stelle ist eine '0'

3.141592653589793238462643383279502884197169399

Bei der Programmierung wird für die Bestimmung der HEX-Stelle ab d+1 die Gesamt-formel in vier individuelle Summen S_1 bis S_4 aufgeteilt. Sodann wird

$$\text{frac}\left(16^d S_i\right) = \sum_{k=0}^{d} \frac{16^{d-k} \bmod (8k+1)}{8k+1} + \sum_{k=d+1}^{\infty} \frac{16^{d-k}}{8k+1} \bmod 1$$

S_2, S_3 und S_4 werden entsprechend berechnet. Somit ergibt sich

pid = frac(4 S_1 - 2 S_2 - S_3 - S_4) + 1

y   = abs(pid)
hx = „0123456789ABCDEF"

mit   nhx = 12
loop: for i=0 to (nhx -1) do
      y   = 16 (y-floor(y)
      chx[i] = hx[floor(y)]   ergibt eine Array[12] mit 12 Komponenten
   end

writeln(„array for pi in HEX ab d+1 chx[ ] : " , chx:1)

     end.

Das erste Summenglied der Formel wird sehr schnell mit Hilfe der Rechenvorschrift für binäre Potenzierung gelöst, wobei jede Iteration mit mod(8k+1) durchgeführt wird. Diese Berechnung kann entweder in Fliess-Komma- oder Ganz-Zahl- Arithmetik erfolgen, jedoch unter der Bedingung, dass genügend Rechengenauigkeit für die Darstellung der Ganzzahl d^2 vorhanden ist. Nachdem eine individuelle Exponentiation erfolgt ist, wird der resultierende Ganzzahl-Wert mit Fliess-Komma-Technik durch 8k+1 dividiert und zur Teilsumme mod 1 addiert; mod 1 entspricht hier frac(Summenglied).
Nur einige wenige Glieder werden für das zweite Summenglied benötigt, da die Glieder sehr schnell kleiner werden. Der resultierende frac-Wert, ausgedrückt zur Basis 16, ergibt die hexadezimal Stellen von π ab der Position *d+1*.

Wie schon oben erwähnt, gibt es noch ein Reihe von ähnlichen Formeln. Alle diese Formeln wurden mit Hilfe einer PSLQ Computer Suche gefunden.

$$\pi^2 = \frac{1}{8} \sum_{k=0}^{\infty} \frac{1}{64} \left(\frac{144}{(6k+1)^2} - \frac{216}{(6k+2)^2} - \frac{72}{(6k+3)^2} - \frac{54}{(6k+4)^2} + \frac{9}{(k+5)^2} \right)$$

3.14159265358979323846264338327950288419716939 93

$$\pi^2 = \sum_{k=0}^{\infty} \frac{1}{16^k}\left(\frac{16}{(8k+1)^2} - \frac{16}{(8k+2)^2} - \frac{8}{(8k+3)^2} - \frac{16}{(8k+4)^2} - \frac{4}{(8k+5)^2} - \frac{4}{(8k+6)^2} + \frac{2}{(8k+7)^2} \right)$$

Victor Adamchik und *Stan Wagon* befassten sich mit dem BBB Algorithmus allgemein, und haben folgende Definition formuliert :

$$\pi = \sum_{k=0}^{\infty}\left(\frac{4+8r}{8k+1} - \frac{8r}{8k+2} - \frac{4r}{8k+3} - \frac{2+8r}{8k+4} - \frac{1+2r}{8k+5} - \frac{1+2r}{8k+6} - \frac{r}{8k+7} \right) * \left(\frac{1}{16}\right)^k$$

Als Spezialfall mit r = 0 findet man die ursprünglichen Bailey-Borwein-Plouffe Formel.

1996 löste dann Simon Plouffe die lange Zeit für unmöglich oder als sehr schwierig gehaltene Aufgabe der Berechnung der n-ten *Dezimal*-Stelle von irrationalen und auch transzendenten Zahlen wie π , π^3, geradzahligen Potenzen der Riemann Zeta Funktion Zeta(3), log(2), und anderen (wie oben). Der Lösung lag die bereits von Euler aufgestellte Formel für π zu Grunde :

$$\pi + 3 = \sum_{n=1}^{\infty} \frac{n\, 2^n}{\binom{2n}{n}}$$

Dieser Algorithmus benötigt keine grosse Rechenpräzision und wenig Speicherplatz. Plouffe erwähnt, dass man zum Beispiel bei der Berechnung der 10 000-ten Dezimal-Stelle von π ohne Speicherung von Reihen oder Matrizen auskommt, sodass man eine individuelle Stelle von π mit einem kleinen Taschenrechner bestimmen kann.

Für die folgenden Betrachtungen wird $\Xi = \binom{2n}{n}$ benützt.

Der Erfolg die Eulerschen Formel liegt in der Lösung des „Zentralen" Binomial-Koeffizienten Ξ für alle Primfaktoren, die kleiner sind als Ξ. Zuerst werden alle Primfaktoren p_i von Ξ bestimmt. Zudann wird $1/\Xi$ als Summe von kleinen Brüchen dargestellt, wobei die Nenner dieser Brüche die obengenannten Primfaktoren von Ξ sind. Die Bestimmung der entsprechenden Zähler ist im Prinzip die fortlaufende Lösung von Diophantischen Gleichungen.

Ein weiteres Beispiel ist
$$\sum_{n=1}^{\infty} \frac{1}{\Xi} = \pi\sqrt{3}$$

.

3.141592653589793238462643383279502884197169399\3

Mit Hilfe des BBB-Algorithmus ergibt sich eine sehr schnelle Lösung für eine bestimmte Stelle. Diese Bestimmung ist unabhängig von einer Zahlenbasis. Dadurch lässt sich im letzten Schritt der Bruchentwicklung die *dezimale* Darstellung auswählen.

1997 veröffentlichte *Fabrice Bellard* eine Verbesserung des Algorithmus von Plouffe zur Berechnng der n-ten Stelle von π zu jeder Zahlenbasis, natürlich die Dezimale mit eingeschlossen. Seine Rechenvorschrift basiert auf folgendem Algorithmus :

Input : n = n-te zu berechnende Stelle
          B = Zahlenbasis
          eps = „error performance system" : das ist eine kleine Zahl (z.B. eps=20)
                    um die benötigte Rechengenauigkeit zu garantieren

Algorithmus :
    N = integer $\lfloor$(n+eps) $\log_2$ (B)
    sum = 0
    für jeden Primfaktor p von 2 < p < 2N
        for p=3 to 2N do
            vmax = int (log(2N)) / log (p)
            av = p^{vmax}
  set : s = 0
       v = 0
       num = 1
       den = 1

for k = 1 to 2N do

$$num = \frac{k}{s^{v(a,k)}}\, num \bmod av \qquad\qquad den = \frac{(2k-1)}{p^{v(p,2k-1)}}\, den \bmod av$$

        v = v - v(p,k) + v(p,2k-1)
        if v > 0 do   s = s + (k * num * inverse(den) * $p^{(vmax-v)}$) mod av

s = (s * B^{n-1}) mod av
sum = (sum + s/av) mod 1   wobei x mod 1 = frac(x)

wenn man π wie folgt definiert : $\pi = (d_0 , d_1 d_2 d_3 d_4 \dots)_B$ entspricht *sum* den Ziffern von π nach dem Dezimal-Komma.

Mit B=10 wird dann   sum = frac(π) = $(0 , d_n d_{n+1} d_{n+2} d_{n+3} \dots)_{10}$
Die Anzahl der richtigen Ziffern ist von dem Wert von *eps* abhängig.

3.141592653589793238462643383279502884197169399

Der von *Fabrice Bellard* weiter entwickelte neue Algorithmus ist um etwa 43 % schneller als der von Bailey-Borwein-Plouffe. Wie *Simon Plouffe* und später *Fabrice Bellard* dargestellt haben lassen sich individuelle Ziffern von π , und auch andere Zahlenwerte wie $\pi\sqrt{3}$, π^3 und geradzahlige Potenzen von π, zu einer beliebigen Zahlenbasis (z.B. 10-er System) bestimmen, wenn die angewandte Formel auf Summenanwendung von zentralen Binomialkoeffizienten wie folgt beruht :

$$\sum_{n=1}^{\infty} \frac{c^n}{P(n)\binom{mn}{n}^r}$$

wobei c eine Ganzzahl, P(n) ein Polynom und (mn über n)
ein zentraler Binomial-koeffizient sind. m kann eine Ganz-zahl wie 2, 3, ... 7 ... sein.

Plouffe erwähnt, dass sich zum Beispiel die n-te Ziffer von e oder andere Konstanten, die durch eine Summe(1/n! ; n=0, ... ω) gebildet werden, mit seinem Algorithmus nicht berechnen lassen, da 1/n! grosse Potenzen von 2 beinhalten.

Binomialkoeffizienten sind wie folgt definiert

$$\binom{n}{k} = \frac{n!}{(n-k)!\,k!}$$

Der sogenannte zentrale Binomialkoeffizient, mit m=2, wird dann

$$\binom{2n}{n} = \frac{(2n)!}{(n!)^2} \quad \Rightarrow C(2n,n)$$

Beispiele   n=8; m=2;

$$\binom{16}{8} = \frac{16*15*14*13*12*11*10*9}{1*2*3*4*5*6*7*8} = 12870$$

n=8; m=3

$$\binom{24}{8} = \frac{24*23*22*21*20*19*18*17}{1*2*3*4*5*6*7*8} = 735471$$

n=100; m=2

$$\binom{100}{50} = 100\,891\,344\,545\,564\,193\,334\,812\,497\,256$$

3.141592653589793238462643383279502884197169399

J.W.Sanders, P.Goetgheluck, P.Erdös, und andere zeigten, dass sich C(2n,n) durch Primzahl-Faktoren darstellen lässt, und genau diese Primfaktoren haben *Plouffe* und *Bellard* für die Berechnung von individuellen n-ten Ziffern von π benützt

$$C(2n,n) \equiv \binom{2n}{n}$$

$$\frac{17}{3240}\pi^4 = \sum_{n=1}^{\infty} \frac{1}{n^4\binom{2n}{n}}$$

$$\binom{8}{4} = 2*5*7 \qquad\qquad \binom{10}{5} = 2^2*3^2*7$$

$$\binom{10}{5} = 2*3^2*5*11*13 \qquad\qquad \binom{24}{8} = 3^2*11*17*19*23$$

$$\binom{100}{50} = 2^3*3^4*11*13*17*19*29*31*53*59*61*67*71*73*79*83*89*97$$

$$\binom{120}{40} = 3^4*7^2*17*23*29*41*43*47*53*59*83*89*97*101*103*109$$

Nachfolgend ist eine kurze Zusammenfassung möglicher Summenformeln basierend auf C(mn,n), die sich zur Berechnung individueller Ziffern zu einer beliebigen Zahlenbasis eignen.

Nach Euler :

$$\pi + 3 = \sum_{n=1}^{\infty} \frac{n\, 2^n}{\binom{2n}{n}} \qquad\qquad \frac{\pi}{3} = \sum_{n=1}^{\infty} \frac{\binom{2n}{n}}{(2n+1)16^n}$$

3.14159265358979323846264338327950288419711693993

<u>Ramanujan :</u>

$$\pi \quad \frac{2\sqrt{3}}{27} + \frac{1}{3} = \sum_{n=1}^{\infty} \frac{1}{\binom{2n}{n}} \qquad\qquad \pi = 3\sqrt{3} \sum_{n+1}^{\infty} \frac{1}{n\binom{2n}{n}}$$

$$\frac{1}{\pi} = \sum_{n=1}^{\infty} \binom{2n}{n}^{3} \frac{42n+5}{2^{12n+4}}$$

<u>Gosper:</u>

$$\pi + 6 = \sum_{n=1}^{\infty} \frac{25n-3}{\binom{3n}{n}2^{n-1}}$$

<u>Bellard :</u>

$$\pi + 20379280 = \frac{1}{740025} \sum_{n=1}^{\infty} \frac{3P(n)}{\binom{7n}{n}2^{n-1}}$$

<u>Comtet :</u>

$$\frac{1}{18}\pi^{2} = \sum_{n=1}^{\infty} \frac{1}{n^{2}\binom{2n}{n}} \qquad\qquad \frac{1}{3240}\pi^{4} = \sum_{n=1}^{\infty} \frac{1}{n^{4}\binom{2n}{n}}$$

3.14159265358979323846264338327950288419711693993

Digits, Digits, ...

Geduld ist die Kraft, mit der wir das Beste erlangen.
Konfuzius

Viel ist nicht ausreichend - Die Qualität gibt den Ausschlag.
Autor

3.1415926535897932384626433832795028841971693993

Die Fähigkeit mathematische Probleme mit definierten Rechenregeln, notwendiger Genauigkeit und insbesondere, mit entsprechender algebraischer Symbolik zu lösen, hat sich erst im Mittelalter entwickelt und gefestigt. Im Altertum ohne dezimale Schreibweise von Zahlen gab es große Probleme beim Rechnen mit Brüchen. Dazu rechnete man in Ägypten nahezu ausschliesslich mit Stammbrüchen, das sind Brüche mit der Zahl 1 im Zähler (1/2, $^1/_3$, $^1/_{12}$, usw). Dazu kam die Problematik mit den Zahlensystemen. Die Mathematiker des Altertums mühten sich sehr, normale Brüche wie $3/_{11}$ in eine Summe von Stammbrüchen zu zerlegen um damit zu rechnen.

$$\frac{4}{23} = \frac{1}{6} + \frac{1}{138} \qquad \frac{41}{42} = \frac{1}{2} + \frac{1}{3} + \frac{1}{7} \qquad \frac{2}{43} = \frac{1}{30} + \frac{1}{86} + \frac{1}{645}$$

Da sich viele Brüche mit verschiedenen Stammbrüchen darstellen lassen, können sich bei der weiteren Verwendung Erleichterungen, Verwechslungen oder Schwierigkeiten einstellen.

z.B.
$$\frac{2}{9} = \frac{1}{6} + \frac{1}{18} \qquad \frac{2}{9} = \frac{1}{5} + \frac{1}{45}$$

$$\frac{2}{11} = \frac{1}{6} + \frac{1}{66} \qquad \frac{2}{11} = \frac{1}{11} + \frac{1}{22} + \frac{1}{33} + \frac{1}{66}$$

Zusätzlich benützte man des öfteren noch Buchstaben sowohl für große Zahlen (so wie die Römer) als auch für Brüche:

$$\frac{2}{43} \equiv \frac{II}{XLIII} = \frac{I}{XXX} + \frac{I}{LXXXVI} + \frac{I}{DCVL}$$

Seit Jahrtausenden rechnete man zwar mit dem Abakus, aber diese Rechenhilfe kannte keine Null. Noch bei den Griechen und Römern waren negative Zahlen nicht gebräuchlich. Von der Zeit der alexandrischen Mathematiker bis hin ins 16. Jahrhundert wurden Gleichungen in Schriftform dargestellt.

1464 n.Chr.	:	3 Census et 6 demptis 5 rebus aequatur zero
1494 Pacioli	:	3 Census p 6 de 5 rebus ae 0
1591 Vieta	:	3 in A quad − 5 in A plano + 6 aequatus 0
1637 Descartes	:	3 x^2 − 5x + 6 = 0

3.1415926535897932384626433832795028841971693993

Der Übergang von der rhetorischen zur symbolischen Algebra war einer der wichtigsten Schritte in der Entwicklung der Mathematik. Zusammen mit dem Dezimalsystem für die Zahlendarstellung , Arithmetik und die Einführung der Zahlen von $-\infty$ bis $+\infty$ gestattete ein vergleichbares Denken und mathematische Problemlösung.

Unendliche Reihenentwicklung wurden ein wesentlicher Bestandteil der Werteanalyse.

Für die harmonische Reihe $\sum\limits_{n=1}^{\infty} \dfrac{1}{n}$ war seit altersher die Frage, ob die Reihe konvergiert oder divergiert; sie ist divergent.

Die nächst kompliziertere Reihe ist $\sum\limits_{n=1}^{\infty} \dfrac{1}{n^2}$. Pietro Mengoli stellte 1650 die Frage :

Konvergiert die Reihe ?
Falls ja, zu welchem Wert ?   (Bekannt als das Problem von *Mengoli*)

John Wallis gab 1655 den Summenwert auf 3 Dezimalstellen genau an mit 1,645...

Die Mathematiker des 17. und 18. Jahrhunderts bemühten sich ausgiebig mit der Frage, wie man Werte von Summenreihen in einfacher Weise durch bekannte Größen ausdrückt. Ein berühmtes Beispiel dafür ist die von Leibniz 1674 entwickelte Reihe für

$$\sum_{n=1}^{\infty} \frac{(-1)^{n+1}}{2n-1} = \frac{\pi}{4}$$

Lange konnte man die Summe aller Kehrwerte der Quadrate, die zwar eine konvergente Reihe bilden, nicht exakt bestimmen. Mit Hilfe einer Rechenmaschine errechnet man zwar, dass diese Summe annähernd 1,6449... ist; schwieriger jedoch ist es die Summe exakt zu finden.
Erst im Jahre 1736 zeigte *Euler*, dass

$$\sum_{n=1}^{\infty} \frac{1}{n^2} = \frac{\pi^2}{6}$$

Aus der Konvergenz von $1/n^2$ kann man analog schliessen, dass die Kehrwerte *aller* Potenzen zu konvergente Reihen führen. Für die verschiedenen Potenzen hat man nachstehende Schreibweise eingeführt.

$$\zeta(k) = \sum_{n=1}^{\infty} \frac{1}{n^k}$$

3.14159265358979323846264338327950288419716939 93

Damit ergibt sich folgende Darstellung:

ζ (1)   *ist undefiniert*

$$\zeta(2) = \frac{\pi^2}{6} = \quad 1{,}644934 \qquad\qquad \zeta(8) = \frac{\pi^8}{9450} \qquad = \quad 1{,}0040773$$

$$\zeta(4) = \frac{\pi^4}{90} = \quad 1{,}082323 \qquad\qquad \xi(10) = \frac{\pi^{10}}{93555} \qquad = \quad 1{,}0009946$$

$$\zeta(6) = \frac{\pi^6}{945} = \quad 1{,}017343 \qquad\qquad \zeta(12) = \frac{691\pi^{12}}{638512875} = \quad 1{,}0002461$$

Über ungerade Potenzen ist sehr wenig bekannt; insbesondere gibt es bis jetzt keine Antwort, ob ζ (ungerade Zahl) ein Produkt von $\pi^{\text{ungerade Zahl}}$ und einer rationalen Zahl ist.

Bis weit ins 20.Jahrhundert war die Anwendung von Potenzreihen für arctan und andere Summenreihen (Ramanujan) die grundsätzliche Methode zur Berechnung der Kreiszahl π. Durch diese Summenbildungen konnte man mit entsprechender Ausdauer mit jedem neuen Summenglied die Stellengenauigkeit erhöhen.

Die Auswertung der von Newton erstellten Gleichung für

$$\pi = \frac{3\sqrt{3}}{4} + 24 \int_0^{\frac{\pi}{4}} fx\,dx \qquad\qquad \text{siehe Seiten 51 und folgende}$$

ergibt folgende Ergebnisse pro Rechenschritt :

n=1	3,149038663
n=2	3,142341679
n=3	3,141690638
n=4	3,141607409
n=5	3,141595085
n=6	3,141593083
n=7	3,141592738
n=8	3,141592675
n=9	3,141592666
n=10	3,1415926540 ...

3.14159265358979323846264338327950288419716939 93

All dies war durch einfache Rechenschritte bis zur gewünschten Genauigkeit mit entsprechender Geduld möglich. Am Ende des 16. Jahrhunderts kannte man π auf 30 Dezimalstellen. *Abraham Sharp* benützte eine arcsin Reihenentwicklung und errechnete 1799 72 Stellen, *John Machin* setzte auf seine berühmte arctan Formel und erzielte 100 richtige Dezimalstellen. Im Jahre 1973 kam *Guilloud & Bouyer* mit der arctan Gleichung von Gauss und mit Unterstützung eines CDC 7600-Computers in knapp einem Tag Rechenzeit auf 1 Million Stellen.

Aus dem 19. Jahrhundert sind zwei Aktivitäten besonders hervorzuheben.

Johann Martin Zacharias Dase (1824-1861) hatte die erstaunliche Fähigkeit grosse Zahlen nicht nur im Kopf abzuspeichern, sondern auch im Kopf zu addieren und zu multipizieren. Er konnte zum Beispiel 2 achtstellige Zahlen in 54 Sekunden, zwei 20-stellige Zahlen in 6 Minuten, und zwei 100-stellige Zahlen in 8 Stunden und 45 Minuten miteinander multiplizieren. Im Jahre 1844 berechnete *Dase* so π auf 205 Stellen genau in etwa 2 Monaten.

William Shanks veröffentlichte 1873 in „*Proceedings of the Royal Society - London*" sein Rechenergebnis nach vielen mühsamen Jahren auf 707 Stellen. Erst 1945 fand *Ferguson*, dass „nur" 526 Stellen korrekt sind.

Die einfachen arithmetischen Algorithmen des Rechnens, die man in der Schule für das Addieren, Multiplizieren, Dividieren und Wurzelziehen lernt, sind nicht optimal für die Anwendung beim Computer. In der Informatik bewertet man die Effizienz eines Algorithmus durch die Definition seiner Bitkomplexität.
Bei der traditionellen Schul-Arithmetik hat die Addition zweier n-stelligen Zahlen eine Bitkomplexität, die proportional zu n zunimmt. Die herkömmliche Multiplikation zweier n-stelligen Zahlen hat eine Bitkomplexität von n^2. So ist traditionelles Multiplizieren zeitaufwendiger als Addieren. *Donald E. Knuth* hat in seinem Buch „*The Art of Computer Programming - Band 2*" Verbesserungen untersucht und dabei die grundsätzliche Frage gestellt

„Wie schnell können wir multiplizieren ?!"

Er vergleicht dort verschiedene Arten der Multiplikation mit der konventionellen Schulmethode, bei der man n*m arithmetische Operationen durchführen muss um eine n-stellige Zahl mit einer m-stelligen Zahl zu multiplizieren. Die Rechenzeit ist dabei entsprechend proportional. *Knuth* fragt nun,
„ist n=m, ist dann die Rechenzeit proportional zu n^2 ?".

3.1415926535897932384626433832795028841971693993

Bei der Betrachtung der digitalen Methode ist die überraschende Antwort „nein". Da es sich hier hauptsächlich um Additionen und Links-Shift, und nur um eine reduzierte Anzahl von Multiplikationen   von digitalen Zahlen handelt, verringert sich die Rechnenzeit von n^2 auf $n^{\log(2)\ 3} \cong n^{1,585}$. Der Geschwindigkeitszuwachs zeigt sich besonders bei grossen Zahlen.

Eine interessante Rechenmethode zur Multiplikation ist unter dem Namen *russische Bauernregel* bekannt, sie wurde aber schon im alten Ägypten angewandt. Im folgenden Beispiel soll diese Regel gezeigt werden.

$\qquad$ x = a * b $\qquad\qquad$ a = 137 $\qquad$ b = 77

In einer Tabelle werden in den folgenden Zeilen die a-Werte verdoppelt, und die b-Werte halbiert, aber nur die Ganzzahl-Ergebnisse angeschrieben. Die Zeilen mit ungeraden b-Werten werden zur späteren Summierung markiert.

	a	b
+	137	77
	274	38
+	548	19
+	1096	9
	2192	4
	4384	2
+	8768	1

$\qquad$ 137 * 77 = $\qquad$ 137 + 548 + 1096 + 8768 = 10 549

In einigen Landesteilen von Spanien wird diese Methode heute noch verwendet.
Diese sogenannte russische Bauernregel lässt sich sehr leicht im Binärsystem realisieren, da die Verdoppelung und Halbierung von Zahlen durch *bit-shifts* implementiert werden. Damit wird die Rechenzeit $n^{\log(2)\ 2} \approx n^{1+\delta}$.

A. Karatsuba und *Y. Ofman* entwickelten ein Verfahren, dass ebenfalls schneller ist als das konventionelle Schulverfahren. Ihre Aufgabenstellung ist die Multiplikation von zwei 2n-stelligen (!) Zahlen x und y zu einer Zahlenbasis b.
Zuerst zerlegt man a und b in

$$x = x_1\, b^n + x_0 \qquad\qquad y = y_1\, b^n + y_0$$

wobei x_0, x_1, y_0 und y_1 höchstens n-stellige Zahlen sind. Bei erster Betrachtung scheinen vier Multiplikationen nötig zu sein; wie nachfolgend gezeigt wird kommt man aber schon mit drei Multiplikationen aus (!).

3.1415926535897932384626433832795028841971693993

Berechnet wird nämlich $x_1 y_1$, $x_0 y_0$ und $(x_{1+y_0})(y_{1+y_0})$, somit wird

$$xy = x_1 y_1 b^{2n} + (x_1 y_0 + x_0 y_1)b^n + x_0 y_0$$

Ein Beispiel soll diese Methode darstellen:

$x = 1001$ $\qquad\qquad$ $y = 5111$ $\qquad$ somit wird $2n = 4$ und $n = 2$

gerechnet wird mit der Basis $b = 10$

$x = x_1 b^n + x_0$ $\qquad\qquad$ $y = y_1 b^n + y_0$
$x = 10 * 10^2 + 1$ $\qquad\qquad$ $y = 51 * 10^2 + 11$

$x*y = 10*51*10^4 + (10*11 + 1*51)*10^2 + 1*11 =$
$\qquad = 5\,100\,000 + \qquad 16\,100 + 11 \qquad\qquad = 5\,116\,111$

Obwohl die Karatsuba-Ofman Methode viel komplizierter als die normale Multiplikation aussieht, ist sie meist schneller, denn sie benötigt weniger zeitverschlingende Multiplikationen.
Die Rechenzeit ergibt sich dabei für zwei $N=n^2$ stellige Zahlen zu $N^{\log(3)/\log(2)} = N^{1,585}$.

Eine äusserst effektive und schnelle Methode zur Multiplikation von großen und sehr großen ganzen Zahlen ist der „*Schnelle Fourier Tranformations*" (FFT) Algorithmus nach *Schönhage-Strassen* aus dem Jahre 1971; sie benützt die bei der Multiplikation auftretende Faltung. Eine ausführliche Beschreibung würde hier den Rahmen sprengen. Einzelheiten sind bei *Knuth* und *Forster „Algorithmische Zahlentheorie"* nachzulesen.
Forster gibt einen Vergleich der Rechenzeiten von konventionellen Algorithmen und der Anwendung der FFT für die Multiplikation zweier Zahlen $x, y < b^p$, wobei $p = 2^k$. Das Verhältnis ist in etwa

$$(3k + 5) : 2^{k-4}$$

Mit $k=9$ ergibt sich Gleichheit, das ist für Zahlen $2^{8192} \approx 10^{2466}$. Für $k=18$, entsprechend $2^{4\,194\,304}$, ist die FFT-Methode etwa 277 mal schneller. Inzwischen gibt es bereits eine noch weiter optimierte Variante.

Ohne solche sehr schnelle Rechenmethoden wäre es nicht möglich π auf Millionen von Dezimalstellen zu berechnen.

3.14159265358979323846264338327950288419716 93993

Chronologische Entwicklung

Im alten Mesopotamien	um	2000 v.Chr.	3	1 richtige Ziffer
Babylon	um	2000 v.Chr.	3,125 = 25/8	2 richtige Ziffern
Ägypten	um	2000 v.Chr.	3,16 = $\sqrt{10}$	2
Rhind Papyrus (Ahmes)	um	1850 v.Chr.	3,16 = 256/81	2
Bibel(Könige I, vii,23)	um	950 v.Chr.	3	1
Archimedes	um	250 v.Chr.	3,14185 (Mittel)	4
Hon Han Shu (China)	um	130 n.Chr.	3,1622 = $\sqrt{10}$	2
Ptolemäus	um	150 n.Chr	3,14166 = $3\,^{17}/_{120}$	4
Chung Hing	um	250 n.Chr.	3,1622 = $\sqrt{10}$	4
Wang Fau	um	250 n.Chr.	3,1555 = 142/45	2
Lin Hui		265	3,14 = 157/50	3
Siddhanta		380	3,1416	4
Tsu Ch´ung Chi	um	480	3,1415926	8
Aryabhatta		499	3,14156	5
Brahmagupta	um	640	3,1622 = $\sqrt{10}$	2
Al-Khowarizmi	um	800	3,1416	4
Fibonacci(Leonardo von Pisa)	1220		3,141818	4
Al Kashi (Samarkand)	um	1435	berechnet π auf	15 Ziffern
Valentinus Otho		1573	3,1415929=355/113	7 Ziffern
Simon Duchesne		1583	3,1425 = $(39/22)^2$	3
Francois Viete		1593	3,141592653(Mittel)	10
Adriaen van Roomen		1593	16 Ziffern	
Romanus		1593	20 Ziffern	
Ludolph van Ceulen		1596	16	
Ludolph van Ceulen		1615	36	
Newton		1665	16 Dezimalstellen	
Sharp		1705	73	
Kamata	um	1730	25	
John Machin		1706	100	
De Lagny		1719	127 (davon 112 richtig)	
Tabeke		1723	41	
Matsunaga		1739	50	
Vega		1794	140	
Rutherford		1824	208 (davon 152 richtig)	
Strassnitzkz und Dase		1844	200	
Clausen		1847	248	

3.1415926535897932384626433832795028841971693993

Lehmann	1853	261
Rutherford	1853	440
Shanks	1874	707 (davon 527 richtig)

Das 20. Jahhundert brachte elektronische Rechenmaschinen und Computer zur Berechnung von vielen Hunderten, Tausenden, ja Millionen Dezimalstellen von π .

Ferguson	1946	526 Dezimalstellen
Ferguson	1947	710
Ferguson und Wrench	1947	808 (Tischrechenmaschine)
Smith und Wrench	1949	1 120
Reitwiesner und andere	1949	2 037 (ENIAC in 70 Std.)
Nicholson und Jeenel	1954	3 092 (NORC)
Felton	1957	7 480 (PEGASUS)
Genuys	1958	10 000
Felton	1958	10 021
Guilloud	1959	16 167 (IBM 704)
Daniel Shanks und John Wrench	1961	100 000 (IBM 7090 - ca. 9 Std.)
Guilloud und Filliatre	1966	250 000 (IBM 7030)
Guilloud und Dichampt	1967	500 000 (CDC 6600)
Giulloud und Bouyer	1973	1 001 250 (CDC 6600 ca. 24 Std.)
Miyoshi und Kanada	1981	2 000 036
Guilloud	1982	2 000 050
Tamura	1982	2 097 144
Tamura und Kanada	1982	4 194 288
Tamura und Kanada	1982	8 388 576
Kanada, Yoshino und Tamura	1982	16 777 206
Ushiro und Kanada	Okt 1983	10 013 395
Gosper	1986	17 526 200
David H. Bailey	Jan 1986	29 360 111 (Cray-2)
Kanada und Tamura	Sept 1986	33 554 414
Kanada und Tanura	Okt 1986	67 108 839
Kanada, Tamura, Kubo,...	Jan 1987	134 217 700 (NEC SX-2)
Kanada und Tamura	Jan 1988	201 326 551
Chudnovsky Brüder	May 1989	480 000 000
Chudnovsky Brüder	Jun 1989	525 229 270
Kanada und Tamura	Jul 1989	536 870 898
Chudnovsky Brüder	Aug 1989	1 011 196 691 (IBM 3090/VF 120 Std)
		(Cray-2: 28 Stunden)

3.141592653589793238462643383279502884197169399

Kanada und Tamura	Nov 1989	1 073 741 799
Chudnovsky Brüder	Aug 1991	2 260 000 000
Chudnovsky Brüder	May 1994	4 044 000 000 (ca. 57 Stunden)
Takahashi und Kanada	Jun 1995	3 221 225 466
Takahashi und Kanada	Aug 1995	4 294 967 286
Takahashi und Kanada	Okt 1995	6 442 450 938 (HITAC S-3800/480)
		(ca. 116 Stunden)
Kanada und Takahashi	Jun 1997	51 539 607 552 (Hitachi SR 2201)
		(ca. 29 Stunden)
Kanada und Zasumasa	April 1999	4 294 960 000
Kanada und Takahashi	Sept 1999	206 158 430 000

BBP Formel :

Die n-te Hexadezimal-Stelle :

Bailey, Borwein, Plouffe	Nov 1995	$40 * 10^9$ -ste Stelle (Hex 921C73C6838FB2)
Bellard	Jul 1996	$200 * 10^9$ -ste Stelle (Hex 1A10A49B3E2B8)
Bellard	Okt 1996	$400 * 10^9$ -ste Stelle (Hex 9C381872D27596)
Bellard	Sept 1997	$1 * 10^{12}$ -ste Stelle (Hex 87F72B1DC9786)
Percival	Jan 1998	$800 * 10^9$ -ste Stelle (Hex 3E6FBDAC38A97)
Pihex Projekt	Aug 1998	$5 * 10^{12}$ -ste Stelle (Hex 07E45733CC790B)
Pihex Project	Febr 1999	$40 * 10^{12}$ -ste Stelle (Hex A0F9FF371D175)

Die n-te digitale Stelle :

Bellard	Sept 1997	$1 * 10^{12}$ -ste digitale Stelle von π
		(Bin 1000 0111 1111 0111 0010 1011)
Percival	1999	$40 * 10^{12}$ -ste digitale Stelle von π ist '0'

3.141592653589793238462643383279502884197169399

Zu den Berechnungen von Millionen, Milliarden, Billionen und mehr Stellen von π durch sehr schnelle, aber teuere Supercomputer ähnlich dem Cray 2 des NASA Forschungszentrums gab es über die Jahre Überlegungen, alternativ durch Aufteilung der Rechenaufgabe auf viele unabhängige PC's oder andere Kleinrechner extreme Lösungen auf Kosten der Rechenzeit zu ermöglichen.

Colin Percival, ein 17 jähriger Mathematikstudent startete 1998 das PIHEX Projekt, bei dem auf über 500 PC verteilt, während nichtaktiver Benützung des PC's, individuelle Stellen berechnet werden. Er benützt Bellard's Formel, dessen Algorithmus er in ASSEMBLER-Maschinensprache implementierte. Am 21. August 1998 wurde auf diese Weise die $5*10^{15}$ HEX Stelle errechnet. Zu Beginn von 1999 startete er die Berechnung der $250*10^{15}$ ten Stelle.
Weltweit kann sich jedermann mit einem Pentium bestückten oder anderen schnellen PC mit dem Betriebssystem Window 95, 98 oder NT beteiligen. Percival verteilt sein Programm über das INTERNET und sammelt die Teilergebnisse in gleicher Weise.

Jörg Arndt und *Christoph Haenel* beschreiben in ihrem Buch „π *Algorithmen, Computer, Arithmetik*" ein ähnliches mögliches Verfahren, das mit dem sogenannten *„binary splitting algorithm"* arbeitet. Die auf Ramanujan-Reihen aufgebaute Formel lautet

$$\frac{1}{\pi} = \frac{12}{\sqrt{640320^3}} \sum_{n=0}^{\infty} (-1)^n \frac{n\,(6n)!}{(n!)^3 (3n)!} \frac{13591409 + 545140134n}{(640320^3)^n}$$

Sie konvergiert mit 15 Stellen pro Iterationschritt. Die besondere Eigenschaft von binary splitting ist, dass einmal errechnete Brüche und Werte später wieder verwenden können. *Arndt* und *Haenel* empfehlen ebenfalls, ein binary splitting Projekt über das INTERNET mit vielen Freiwilligen zu starten. Ergebnisse sind bislang nicht bekannt.

Hier sei noch angemerkt, dass Hans Havermann im Juni 1999 den 20 millionsten Quotienten des Kettenbruchs von π errechnet hat.

3.141592653589793238462643383279502884197169399

Ziffernverteilung
Ziffernhäufigkeit

Wenn Menschen vermuten können, deine
Geschichte sei unwahr, behalte immer die
Wahrscheinlichkeit vor Augen.

John Gay (1727)

Mathematiker betrachten die Dezimal-Zahlen-
Entwicklung von π als eine Folge von *Zufallszahlen*,
für einem modernen Numerologisten ist diese
Reihe eine Fundgrube von bemerkenswerten
Zahlenmustern.

Dr.I.J.Matrix (Martin Gardner - 1965)

Einem ist die Wissenschaft die hohe, die himmlische
Göttin, dem andern eine tüchtige Kuh, die ihn mit
Butter versorgt.

Friedrich von Schiller (1797)

3.14159265358979323846264338327950288419716939937

Über Jahrhunderte hinweg wurde die Zahl π auf ihre Eigenschaften und Gesetzmässig-
keiten intensiv untersucht. Die Stellen von π reihen sich wie zufäll aneinander. Jedoch
die Änderung von nur einer einzigen Dezimalziffer ergibt eine völlig andere Zahl, und
damit ist sie nicht mehr π. Bis heute hat noch niemand beweisen können, dass die Ziffern
von 0 bis 9 gleichmässig verteilt und damit gleich häufig vorkommen. Es wäre höchst
überraschend, aber möglich, dass irgendwo eine Regelmässigkeit oder sich wiederholende
Zahlenfolge in der Dezimal-Zahlenentwicklung von π sich einstellt.

Die Untersuchungen befassten sich mit der Suche nach Mustern von Wiederholungen
oder Zahlenserien.

Die Zahl *Null* (0) zeigt sich zum ersten Mal an der 32. Dezimalstelle.

Die Summe der ersten 20 Nachkommadezimalen ergibt 100.
Addiert man die ersten 144 Dezimalzahlen, dann bekommt man als Summe 666.
Die drei Dezimalen, die an der Stelle 315 enden, hat die Folge 315.
Die Ziffer 7 kommt in den rsten 400 Dezimalen nur 24mal vor.

Über die ersten 1000 Dezimalstellen zeigen sich folgende Muster :

Sequenz	Ab Dezimalstelle von π
00	307 - 360 - 395 - 709 - 923
11	94 - 174 - 361 - 427 - 437 - 445 - 494
22	145 - 185 - 484 - 535 - 914
33	34 - 215 - 364 - 401 - 507 - 831 - 875
44	142 - 201 - 217 - 511 - 655 - 726 - 833
55	809
66	116 - 211 - 257 - 309 - 377 - 516 - 592 - 981
77	559 - 621 - 633 - 739 - 742 - 890 - 948 - 854
88	44 - 59 - 124 - 472 - 848 - 868 - 931
99	54 - 79 - 317 - 322 - 459 - 705 - 747

Die erste 0	ist an Stelle	32	die erste	1	an Stelle	1
00		307		11		94
000		601		111		153
0000		13390		1111		12700
00000		17534		11111		

3.1415926535897932384626433832795028841971693993

Auch sind einfache, oft interessante Muster zu erkennen :

11011	an Dezimalstelle	3844
10001		14201
87778		17234
99099		15104
202020		7285
450054		15262
6655566		10143

9999998   762   der sogenannte *Feynman* Punkt, bei dem
                                        sich der grösste Wert von irgendwelchen
                                        7 Ziffern der ersten million Dezimal-
                                        stellen zeigt.

666   zeigt sich bei   2440   (im Englischen die sogenannte Beast
                                        Number) zum ersten Mal.

314159   erscheint zumindest 6 mal innerhalb der ersten 10 Millionen Dezimal
             Zahlen (nach Pickover 1995)

0123456789   kommt ab folgenden Stellen vor
                                17 387 594 880
                                26 852 899 245
                                30 243 957 439
                                34 549 153 953
                                41 952 536 161 und bei
                                43 065 796 214 vor.

27182818248 Die Zahlensequenz für e tritt ab Dezimalstelle 45 111 908 393 auf.

Auch $1/\pi$ ergibt sehr interessante Zahlenkombinationen :

0123456789	erscheint ab Stelle	6 214 876 462
9876543210		15 603 388 145
999999999999		12 479 021 132

Wie schon erwähnt, ist man der Auffassung, dass alle Ziffern von 0 bis 9 gleichhäufig
sind. Jedoch ist bis heute nicht bekannt, ob das auch stimmt.

3.1415926535897932384626433832795028841971693993

Man hat die Ziffer 7 der ersten 29 Millionen Dezimalstellen auf ihre Häufigkeit untersucht, und fand:

Anzahl Stellen	100	1.000	10.000	100.000	1.000.000	10.000.000	29.360.000
Häufigkeit	8	95	970	10.025	99.800	1.000.207	2.934.083
Rel. Häufikeit	8%	9,5%	9,7%	10%	9,98%	10,02%	9,99347%

Die Häufigkeit des Auftretens jeder der 10 Ziffern unter den ersten 29 Millionen Dezimalstellen von π :

Ziffer	0	1	2	3	4
Rel. Häufigkeit	0,0999440	0,0999333	0,1000306	0,0999964	0,1001093

Ziffer	5	6	7	8	9
Rel. Häufigkeit	0,1000466	0,0999337	0,1000207	0,0999814	0,1000040

Aller Wahrscheinlichkeit nach sind die Ziffern 0 bis 9 gleich verteilt, da deren relative Häufigkeit gegen 0,1 zu konvergieren scheint.

So können zwar auf dem Wege zu Unendlich sehr lange periodische Folge auftreten, wie
..101010101010101010101010... oder
..012345678901234567890123456789... .
Diese Folgen brechen aber mit Sicherheit wieder ab, andernfalls wäre π ja in einer endlichen Anzahl von Brüchen darstellbar und damit eine rationale Zahl

Carl Sagan, ein bekannter amerikanischer Astronom, greift diesen Faden auf in seiner Novelle *„Contact"*, in der Ausserirdische vom Stern *Vega* Kontakt mit der Erde aufnehmen wollen. Sie senden für lange Zeit ununterbrochen mit zyklischer Wiederholung 11 Primzahlen, um eben die Menschen auf eine kommende Nachricht aufmerksam zu machen. Das Projekt wurde Argus benannt.
Nach gewaltigen Anstrengungen gelingt es dann ein gewisses Verständnis zu entwickeln, das darauf hinweist man solle doch eine höchst moderne „Maschine" konstruieren und programmieren, um in direkten Kontakt zu kommen und eine schnelle Analyse eines Programmmes, das in Kürze übertragen werden soll, in Gang zu setzen. Eine weitere Kryptoanalyse zeigt , dass in den unendlichen vielen Ziffern von π, so um die 10 billionste Stelle zur Basiss 11 eine weltbewegende, ja eine für das gesamte Weltall wichtige Nachricht enthalten sein soll..

3.141592653589793238462643383279502884197169399

Nach langen internationalen Konferenzen, Debatten, dem Abwägen der nationalen und internationalen Sicherheitsaspekte, etc. wurde dann die neue Supermaschine mit den Algorithmen der letzten Erkenntnisse über die Zahlentheorie programmiert, um die Zahl π entsprechend zu berechnen. Wochenlang lief der modernste Gray-Computer, der dann eines Tages,wie in grosser Not, ein Signal ausgab:

„TRANSMISSION PROBLEM. S/N 10. PLEASE STAND BY.“

Die Novelle beschreibt dann,
*„Nachdem der Computer schon für eine Weile kilometerlang nur 1 und 0 von sich gab, zeigte sich eine Abweichung, besonders stark mit der Basis 11 Arithmetik. Verglichen mit dem was von Vega empfangen worden war, konnte dies nur eine einfache Nachricht sein, aber die Erwartung ihrer Bedeutung war extrem hoch. Das Programm ordnete die Digits in ein grafisches Rastermuster, mit gleicher Zifferanzahl sowohl horizontal wie vertikal. Die erste Reihe bestand nur aus einer Folge von 0 von links nach rechts. Die zweite Reihe zeigte eine einzige Ziffer 1 , genau in der Mitte mit angrenzenden 0 auf der linken und rechten Seite. Nach einigen weiteren Zeilen, bildete sich ganz eindeutig ein Bogen bestehend aus 1's. Die relativ einfache geometrische Figur war ziemlich schnell, Reihe für Reihe, aufgebaut, voll von zukünftiger Bedeutung. Die letzte Reihe formierte sich, wieder mit einer einzigen 1 im Zentrum. Alle nachfolgenden Reihen waren wie ein Rahmen nur 0's.
Versteckt in den alternierenden Muster der Digits, tief im Innern der transzendenten Zahl, war ein perfekter Kreis, dargestellt von EINSEN in einem Feld von NULLEN.*

Das Universum ist mit voller Absicht gemacht worden, war die Aussage des Kreises. In welcher Galaxie Du Dich immer befindest, Du nimmst den Umfang eines Kreises, dividierst ihn durch seinen Durchmesser, nimmst ein Maß dann so gut wie möglich, und Du entdeckst ein Weltwunder - einen anderen Kreis, Kilometer entfernt vom Dezimalpunkt. Es sollen noch zusätzliche, noch wichtigere Inhalte folgen. Es ist unwichtig wer Du bist, wie Du aussiehst, oder woraus Du gemacht bist, oder woher Du kommst. So lange Du in diesem Universum lebst, und ein halbweg Talent für Mathematik hast, wirst Du früher oder später diese Antwort finden. Sie ist schon jetzt da und greifbar. Sie ist überall. Du brauchst Deinen Planeten nicht zu verlassen, um sie zu finden. Sie ist in der Struktur des All und in Natur aller Dinge, wie ein wunderbares Kunstwerk, und da sieht man auch die Signatur des Künstlers. Weit über den Menschen, über Göttern und Dämonen, über Wärtern, Priestern, Tunnelbauer gibt es eine Intelligenz, die das Universum geschaffen hat.
     Damit schliesst sich der Kreis.
     Die Nachricht wurde gefunden und entschlüsselt."   Carl Sagan.

3.141592653589793238462643383279502884197169399³

Einige Besonderheiten

Pi ist nicht nur eine Sammlung von zufälligen
Zahlen; pi ist eine Reise;
sie enthält eine natürliche Poesie.

Ahtranig Basman

Keine Zahl hat mehr Aufmerksamkeit auf sich gezogen,
als die Zahl pi , das Verhältnis des Umfang eines Kreises
zu dessen Durchmesser (und das Verhältnis der Fläche
eines Kreises zum Quadrat seines Radius).
Die Zahl pi tritt in der berühmten Gleichung von Euler
$e^{i\pi} = -1$ ebenso auf, wie bei einer verblüffenden Vielfalt
in der reinen und angewandten Mathematik, oftmals
gänzlich unerwartet.

*Victor Klee * Stan Wagon (1997)*

Jemand, der mit arithmetischen Methoden versucht Zufallszahlen
zu bestimmen, ist offengestanden, im Zustand totaler Verwirrung.

John von Neumann (1951)

3.14159265358979323846264338327950288419716 93993

Schon in der Antike versuchte man π durch das Verhältnis zweier rationaler ganzer Zahlen darzustellen. Wie schon gezeigt, geben Verhältnisse wie $^{22}/_7$ und $^{355}/_{113}$ gute Näherungswerte. Die Suche nach solchen Verhältniszahlen begann bereits mit der berühmten Problemstellung der Quadratur des Kreises, um π nur mit Hilfe eines Zirkels und eines Lineals zeichnerisch zu finden. Dies ist ähnlich dem Problem der Pythagoräer, die sich mit der Lösung der Gleichung $a^2 + b^2 = c^2$ für a=1 und b=1 befassten und keine Lösung für c= $\sqrt{2}$ fanden. Anders ausgedrückt, $\sqrt{2}$ kann eben nicht durch ein Verhältnis der Form $^m/_n$ mit ganzen Zahlen m und n dargestellt werden. $\sqrt{2}$ ist das erste praktische Beispiel, mit dem sich die nicht-rationale Form, die Irrationalität einer Zahl zeigen lässt.

Der Wert $\sqrt{2}$ lässt sich zwar durch eine zeichnerische Konstruktion oder durch die Lösung der algebraischen Gleichung $x^2 - 2 = 0$ finden. Die Zahl π dagegen, kann man weder mit Zirkel und Lineal, noch über eine algebraischen Gleichung finden; π ist eine transzendente Zahl, eine reelle Zahl, die nicht algebraisch ist. Deshalb ist die Quadratur des Kreises unmöglich.

1706 war *William Jones* der erste Mensch, der den griechischen Buchstaben π benützte. Im antiken Griechenland stellte das Symbol π die Zahl 80 dar.

Lange Zeit hatten Mathematiker vermutet, dass π irrational sei; jedoch erst im Jahre 1761 zeigt *Johann Heinrich Lambert* dies endgültig. Seine Argumentation war: wenn tan(x) rational ist, muss x irrational sein(!), denn $\tan(^\pi/_4)$ =1, und damit ist $^\pi/_4$ und natürlich auch π irrational. 1794 fand *A.M. Legendre* einen zusätzlichen Beweis mit π^2 als irrationale Zahl. Erst über hundert Jahre danach, im Jahre 1882, bewies Ferdinand von Lindemann, dass π darüberhinaus eine transzendete Zahl ist.

Beispiele von irrationalen Zahlen sind:
  √2 ; √3 ; √5 ; √48 ; √235 ; e ; π ; φ ; ...

√2	=	1,414213562...	√235	=	15,32970972...
e	=	2,718281828...	π	=	3,141592653...
φ	=	1,618033989...(Goldener Schnitt)			

π und e sind zusätzlich transzendente Zahlen.

π taucht des öfteren an unerwarteten Stellen auf, die mit Kreisen absolut nichts zu tun haben. Nimmt man zum Beispiel alle ganze Primzahlen, die bei der Faktorisierung einer beliebigen Zahl gefunden werden, so ist die Wahrscheinlichkeit der Wiederholung eines Faktors gleich $6 / \pi^2$.

3.1415926535897932384626433832795028841971693993

In die gleiche Kategorie fällt das Nadelproblem von *Buffon*. Sind auf einer ebenen Fläche parallele Linien im Abstand von 2 cm gezogen und lässt man eine Nadel mit der Länge < 2 cm fallen, so schneidet die heruntergefallene und liegen gebliebene Nadel eine der parallelen Linien mit einer Wahrscheinlichkeit von 2 / π .

Der Umfang eines Kreises ist 2rπ .
Damit ist der halbe Umfang eines Kreise mit dem Radius 1 gleich der Zahl π .

Die Fläche innerhalb diese Kreise ist ebenfalls gleich π .

Die Fläche eines beliebigen Kreises ist $r^2\pi$.

Eine Kugel hat eine 4 mal grössere Oberfläche als deren Querschnittsfläche.

Das Volumen einer beliebigen Kugel ist $\pi\, r^3\, 4/3$.

Die Oberfläche einer beliebigen Kugel ist $4\pi\, r^2$.
Die Kugel ist der Körper, der bei gegebenen Volumen die geringste Oberfläche hat.

Allgemein kann man den Kreis als regelmässiges Vieleck mit unendlich vielen Ecken beschreiben.

Für alle ganzzahligen Werte von n größer 1 ergibt sich: n sin(180/n) = π .

Ein Jahr hat etwa $\pi * 10^7$ Sekunden.

Die Ziffernfolge 3141592 wiederholt sich zum ersten Mal bei der 176451-ten Dezimalstelle von π. Diese Folge wiederholt sich insgesamt sieben Mal in den ersten 10 Millionen Stellen.

Einige eigenartige Zahlenwerte, die sich aus e und π ergeben, sind wie folgt :

$$e^\pi - \pi \qquad\qquad = 19{,}999099979....$$
$$\pi \approx (2e^3 + e^8)^{1/7} = 3{,}14171...$$
$$\pi \approx (9 - e) / 2 \quad\ = 3{,}1408...$$

$$e \approx (\pi^4 + \pi^5)^{1/6} = 2{,}71828181...$$
$$\text{(Sollwert für e = 2{,}71828183...}$$
$$\pi = -I \ln(-1)$$

3.141592653589793238462643383279502884197169399 3

Zahlenwerte mit π^e und e^π :

$\pi^e \quad \approx 22{,}45915...$

$e^\pi \quad \approx 23{,}14069...$

$e^{-\pi} \quad \approx 0{,}04321...$

$e^{1/2\,\pi} \approx 4{,}81047...$

$e^{-1/2\,\pi} \approx 0{,}20787...$

Interessant ist auch

$$\cos\,(\ln\,(\pi + 20)) \; = \; -\,0{,}9999999992...$$

Ramanujan zeigt in seinem 2.Notizbuch die nachfolgende Beziehung,:

$$\pi\,/\,(2\sqrt{x}\,) - 1\,/\,(2x^{3/2}) + (1*3*5)\,/\,(2*4*6*x^{7/2}) -$$
$$-(1*3*5*7*9)\,/\,(2*4*6*8*10*x^{11/2}) + ... \; = \sqrt{2}$$

In der Betrachtung von unendlichen Summenreihen fand *Gosper*

$$\pi = 3 + (1/60)\{8 + (2*3)/(7*8*3)\{13 + (3*5)/(10*11*3)\{18 +$$
$$+ (4*7)/(13*14*3)\{23 + ... \;\}\}\}\}$$

Man hört oft, die Zahlenreihe von π sei eine „zufällige" Folge. Es gibt eine Vielzahl von Tests für die sogenannte Zufälligkeit einer Zahlensequenz. Echte Zufallszahlen zu erzeugen ist nicht einfach. *Donald E. Knuth* gibt eine ausführliche Beschreibung über Zufalls-Generatoren und Testen von zufälligen Zahlenfolgen. Schon die Frage „*was sind Zufalls-Zahlen"* lässt sich nicht ohne weiters beantworten; es sei nochmals auf D.E. Knuth verwiesen.
Sehr oft bemerkt man ein Vermeiden von Zahlenpaaren in einfacher Darstellung von Zufallszahlen. So werden die meisten Testpersonen, denen man eine Tabelle von wirklich zufälligen Werten (Digits) zeigt, anmerken, dass diese auf keinen Fall zufällig sind. *Martin Gardner* bezieht sich im Magazin „*Scientific American - Januar 1965"* auf die Anmerkung seines virtuellen *Dr. I.J. Matrix* , „Viele Mathematiker betrachten die dezimale Reihen-Entwicklung von π als eine Zufallsfolge, jedoch ist diese Reihen-darstellung voll von bemerkenswerten Zahlenkombinationen". *Dr. Matrix* weist dabei auf die erste sich wiederholende Zwei-Ziffern-Zahl 26 in der Dezimalentwicklung von π, und ihre zweite Erscheinung,die sich in mitten einer kuriosen sich wiederholenden Kombination zeigt.

3.141592653589793238462643383279502884197169 3993

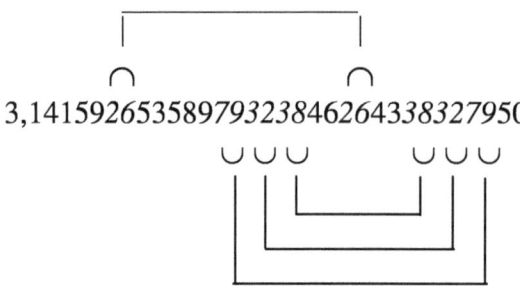

$$3{,}14159265358979323846264338327950$$

Nachdem er noch viele solcher Beziehungen aufzählt, bemerkt *Dr. Matrix*, dass π, wenn eben richtig interpretiert, die gesamte Geschichte der menschlichen Rasse beinhaltet.

Während eines Aufenthaltes in Hongkong untersuchte *Dr. Matrix* das Auftreten von π in wichtigen Werken der Weltliteratur. Er fand im 9. Kapitel des zweiten Buches von *H.G.Wells*

„For a time I stood regarding my ...“

3   1   4   5   9   2 ...

Die Anzahl der Buchstaben in diesen Worten ergibt π genau auf sieben Stellen.

Im April 1975 berichtete *Martin Gardner* von bahnbrechenden Entdeckungen in den Naturwissenschaften und der Mathematik; er erklärte, dass

$e^{\pi \sqrt{163}} \Rightarrow$ genau die ganze Zahl   262.537.412.640.768.744 (!) ergibt.

Dies war natürlich ein Aprilscherz. Die richtige Antwort ist dem allerdings sehr, sehr nahe, nämlich

262 537 412 640 768 743 , *999 999 999 999* 250 072 597 198 185 688 879...

Es gibt eine beachtliche Reihe von Werten für verschiedenen Fast-Ganzzahlen von n für

$$e^{\pi \sqrt{n}}$$

Die folgende Liste wurde im Internet unter Exp(pi*sqrt(n)) veröffentlicht:

0	1 , 000 000 000 000 0
6	2 197 , 990 869 543 708 0
17	422 150 , 997 675 680 451 6
18	614 551 , 992 885 619 635 4
22	2 508 951 , 998 257 424 467 1
25	6 635 623 , 999 341 134 233 2
37	199 148 647 , 999 978 046 551 8
43	884 736 743 , 999 777 466 034 9
58	24 591 257 751 , 999 999 822 213 2
67	147 197 952 743 , 999 998 662 454 2
74	545 518 122 089 , 999 174 678 853 5
148	39 660 184 000 219 160 , 000 966 674 358 5
163	262 537 412 640 768 743 , 999 999 999 999 2
232	604 729 957 825 300 084 759 , 999 992 171 526 8
268	21 667 237 292 024 856 735 768 , 000 292 038 842 4
522	14 871 070 263 238 043 663 567 627 879 007 , 999 848 726 482 7
652	68 925 893 036 109 279 891 085 639 286 943 768 , 000 000 000 163 7
719	842 614 373 539 548 891 490 294 277 805 829 192 , 999 987 249 566 0

1169 :
44 555 719 382 988 281 777 368 496 770 130 045 948 309 444 044 , 999 960 801 172

Bei der Aufzählung und Beschreibung der verschiedensten Methoden für das Testen von Zufallszahlen benützt *Donald E. Knuth* erstaunlicherweise oft die Konstante

a = 3141592621.

Bis jetzt gibt es keinen Beweis, dass die Zahlenfolge von π eine Zufallsreihe ist.

Tests ergeben, dass die Ziffernfolge von π „mehr" zufällig ist als die der Quadratwurzel von 2, welche wiederum „mehr" zufällig ist als die Quadratwurzel von 3 .

3.141592653589793238462643383279502884197169399³

Nimmt man die ersten 6 Milliarden Dezimalziffern von π so ergibt sich folgende Verteilung :

0	erscheint	599.963.005	mal
1	erscheint	600.033.260	mal
2	erscheint	599.999.169	mal
3	erscheint	600.000.243	mal
4	erscheint	599.957.439	mal
5	erscheint	600.017.176	mal
6	erscheint	600.016.588	mal
7	erscheint	600.009.044	mal
8	erscheint	599.987.038	mal
9	erscheint	600.017.038	mal

Hier zeigt sich keine ungewöhnliche Abweichung von einer Zufälligkeit.

Bei der Betrachtung der Großen Pyramide in Gizeh sind dem Engländer *John Taylor* einige interessante Beziehungen aufgefallen. Zeichnet man einen Kreis entsprechend der folgenden Skizze, so ist der Umfang des Kreises zweimal der Pyramiden-Basislänge. Die Fläche dieses Kreises ist gleich der Grundfläche der Pyramide.

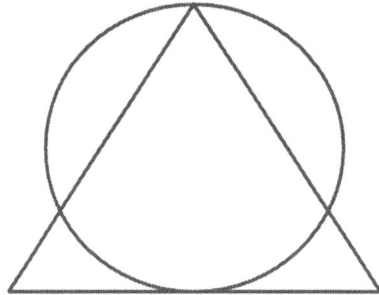

Die Große Pyramide wurde um 2450 v.Chr. von *Pharao Khufu* auf der Gizeh Hochebene erbaut; von ihr aus überblickt man das Nil Tal zwischen den alten Städten von Memphis bis Heliopolis. Die ursprüngliche Höhe dieser Pyramide war 280 *kubits,* und die entsprechende Basislänge 440 *kubits.*

Nimmt man nun zwei mal die Basislänge und dividiert durch die Höhe bekommt man

$$2 * 440 / 280 = 22 / 7 = 3,142857...$$

3.141592653589793238462643383279502884197169399

Und doch ist die Meinung weit verbreitet, dass die alten Ägypter um 2500 v.Chr. π noch nicht mit dieser Genauigkeit bestimmen konnten. Wie schon erwähnt, geben die ersten bekannten Aufzeichnungen um 1850 v.Chr. für π den Wert von π :
$$256/81 = 3,16... .$$

Interessant ist auch die Verwendung der Fibonacci Zahlen 1,1,2,3,5,8,13,21,34,55,89,144, 233,610... für die Berechnung von Näherungswerten für π :

55 / 34	*	34 / 21	*	6/5	=	3,1428...
89 / 55	*	55 / 34	*	6/5	=	3,14117...
144 / 89	*	89 / 55	*	6/5	=	3,141818...
233 / 144	*	144 / 89	*	6/5	=	3,141573...
377 / 233	*	233 / 144	*	6/5	=	3,141666...
610 / 377	*	377 / 233	*	6/5	=	3,14163...

Und da ist noch die „*magische*" Gleichung

π = phi * phi * 6/5   mit phi = 1,6180339... , die Verhältniszahl des goldenen Schnittes :

$$phi = \frac{1+\sqrt{5}}{2}$$

Damit wird π ≈ 3,141640...

Es gibt eine Vielzahl von Näherungsformeln für π . Im Folgenden einige interessante Darstellungen :

22 / 7	=	3,142...
1,1 * 1,2 * 1,4 * 1,7	=	3,1416..
$(9/5) + (9/5)^{1/2}$	=	3,141640...
$19 * 7^{1/2} / 16$	=	3,141729...
666 / 212	=	3,141509...
$(296 / 167)^2$	=	3,1415970...
355 / 113	=	3,1415929...
$(97 + 9 / 22)^{1/4}$	=	3,1415926560...
104348 / 33215	=	3,141592654...
$(10)^{1/2}$	=	3,162...
$(31)^{1/3}$	=	3,14138...
$(98)^{1/4}$	=	3,14634...
$(306)^{1/5}$	=	3,1455...
$(3020)^{1/7}$	=	3,141548...
$(2 + 2^{1/2}) * (5*5*11*463) / (2*43*1609)$	=	3,141592653...

3.141592653589793238462643383279502884197169399

James Stirling (1662-1770) zeigt in seiner STIRLINSCHEN Formel wie man näherungs-
weise die Falkultät für beliebig große Zahlen berechnen kann.

$$n! \approx \sqrt{2\pi n}\left(\frac{n}{e}\right)^n e^{\varphi/12n} \qquad\qquad \text{mit } 0 \le \varphi \le 1$$

Kombinatorik und Wahrscheinlichkeitsrechnung stellen uns immer wieder vor die
Aufgabe n! für große n zu bestimmen. Die Eulersche Summenformel deutet auf einen
bequemen Weg zur Lösung. Nämlich

$$\ln n! = \ln 1 + \ln 2 + ... + \ln n$$

Diese Beziehung ermöglicht eine besondere Verbindung von π und e.

$$\frac{e^n n!}{n^n \sqrt{2\pi n}} \to 1$$

Mit der Verwendung der Bernoulli Zahlen findet man für den Logarithmus der Faktorial-
Funktion

$$\ln(n!) = \frac{1}{2}\ln 2\pi + \left(n+\frac{1}{2}\right)\ln n - n - \sum_{k=1}^{\infty}\frac{B_{2k}}{2k(2k-1)}n^{1-2k}$$

Bernoulli Zahlen sind dabei wie folgt definiert:

$$B_{2k} = \frac{(-1)^{k-1} 2(2k)!}{(2\pi)^{2k}}\sum_{p=1}^{\infty}p^{-2k}$$

n	B_n	
		$B_3 = B_5 = B_7 = ... = 0$
0	1	
1	-1/2	
2	1/6	
4	-1/30	
6	1/42	
8	-1/30	
10	5/46	

3.1415926535897932384626433832795028841971693993

Die Stirlingsche Formel wird dann

$$n! = \sqrt{2\pi\,n}\left(\frac{n}{e}\right)^n\left[1+\frac{1}{12n}+\frac{1}{288\,n^2}-\frac{139}{51840\,n^3}-\frac{571}{2488320\,n^4}+\ldots\right]$$

Daraus ergibt sich nun der reziproke wert von π.

$$\frac{1}{\pi} = \frac{2n}{(n!)^2}\left(\frac{n}{e}\right)^{2n}\left[1+\frac{1}{12n}+\frac{1}{288\,n^2}-\frac{139}{51840\,n^3}-\frac{571}{2488320\,n^4}+\ldots\right]^2$$

Diese Formel ist faszinierend, weil π und e gleichzeitig darin vorkommen.

3.14159265358979323846264338327950288419716939 93

Anhang - Regelmäßige Vielecke

Die von Archimedes zur Bestimmung von π benützten Vielecke sind regelmäßig, das heisst, alle Seiten sind gleich lang und alle Winkel zwischen zwei anliegenden Seiten sind gleich gross. Ein n-Eck besteht somit aus n kongruenten gleichschenkligen Dreiecken. Der Mittelpunktswinkel ergibt sich aus

$$360° / n$$

Jedes regelmäßige Vieleck hat einen *Inkreis* und einen *Umkreis*. Der Radius des Umkreises entspricht der Länge der gleichen Schenkel, der des Inkreises der Höhe des gleichschenkligen Dreiecks.

Abhängig von der Anzahl der n Ecken gibt es verschiedene Formen regelmäßiger Vielecke. Ein n-Eck entsteht, wenn man jede Ecke mit der k-ten darauf folgenden Ecke verbindet, und wenn dabei n und k (z.B. n=10, k=3) teilerfremd sind. So kann man auch sogenannte Sternvielecke bilden.

n=3; k=1　　　　　　n=4; k=1

n=6; k=1　　　　　　n=8; k=1

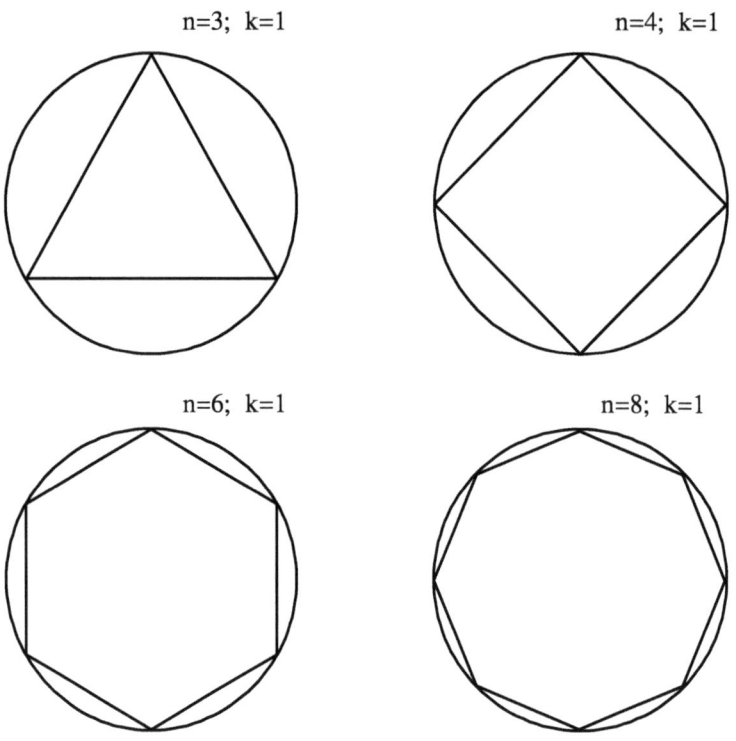

3.141592653589793238462643383279502884197169399

n=6; k=2   n=8; k=2

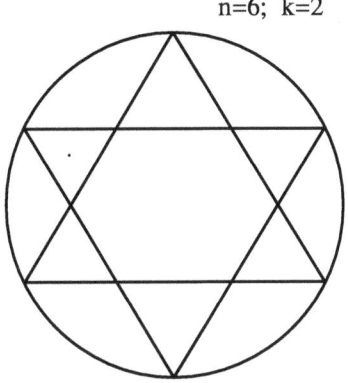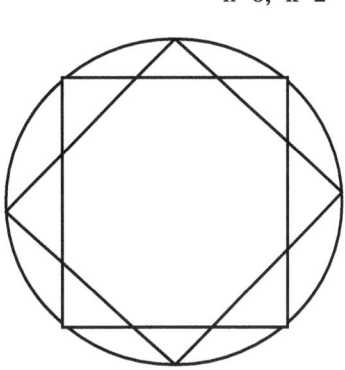

Mit n=8 und k=2 ergibt sich weder ein regelmäßiges Viel- noch ein Sternvieleck
Es entsteht eine Überlagerung von zwei 4-Ecken mit einer Winkeldrehung des 2. Vierecks
um 45 °.

n=5; k=2   n=8; k=3

Beim Sternvieleck n=5 und k=2 wird eine bestimmte Ecke mit der übernächsten Ecke
verbunden, wogegen beim Sternvieleck n=8 und k=3 eine Ecke mit der überübernächsten
verbunden wird.

3.141592653589793238462643383279502884197169399

Ein regelmäßiges Vieleck ist konstruierbar, wenn der *Mittelpunktwinkel* eines der kongruenten Dreiecke konstruierbar ist . Dann lässt sich eine Verdoppelung der Eckenzahl leicht bewerkstelligen; dazu wird auf einer Seite das Lot errichtet, das durch den Kreismittelpunkt geht. Es schneidet den Kreis und ergibt den zusätzlichen Punkt.

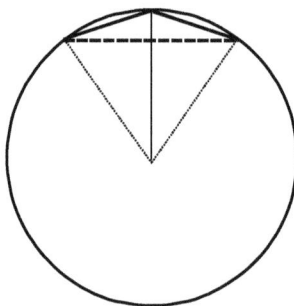

Grundsätzlich sind folgende Vielecke konstruierbar :

$n = 3 * 2^i$

$n = 4 * 2^i$

$n = 5 * 2^i$

$n = 3 * 2^i$ Polygone

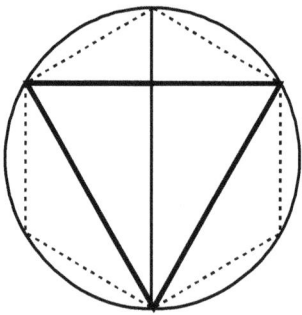

Ein regelmäßiges einbeschriebenes 6-Eck konstruiert man, indem der Radius des Kreises gleich der Seitenlänge eines 6-Eckes ist. Für ein 3-Eck werden dann nur übernächste Ecken miteinander verbunden.

3.14159265358979323846264338327950288419716939 93

n = 4 * 2^i Polygone

$n = 4 * 2^i$ Polygone

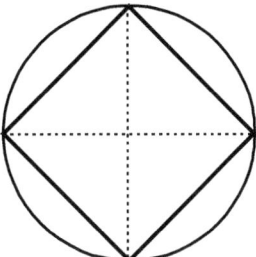

Für ein regelmäßiges 4-Eck zieht man zuerst eine Gerade durch den Kreismittelpunkt und errichtet das *Lot* auf diese Geraden durch den gleichen Mittelpunkt. Verdoppelung der Eckenzahl wird durch ein weiteres Lot auf die Seiten des 4-Ecks erreicht.

n = 5 * 2^i Polygone

$n = 5 * 2^i$ Polygone

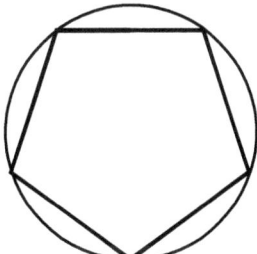

Zur Bestimmung der Seitenlänge eines gleichseitigen 5-Ecks benützt man die Besonderheit der Seitenverhältnisse eines 10-Ecks mit dem Mittelpunktswinkel von 36^0. Mit Hilfe des Satzes von Pythagoras lässt sich bei bekanntem Radius r die Seitenlänge eines 10-Ecks konstruieren.

Radius des Kreise = r

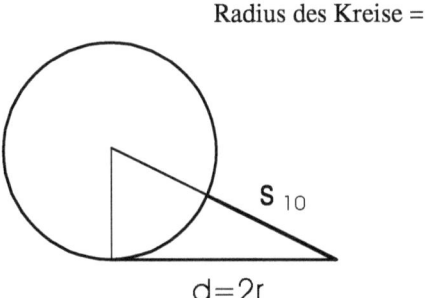

3.141592653589793238462643383279502884197169 3993

Die Länge x vom Kreismittelpunkt zum Schnittpunkt von s_{10} und der Strecke r ergibt sich aus

$$x = \sqrt{1 + \left(\frac{1}{2}\right)^2} = \sqrt{\frac{5}{4}}$$

und damit wird

$$S_{10} = x - 0{,}5 = \sqrt{\frac{5}{4}} - \frac{1}{2} = \frac{\sqrt{5} - 1}{2}$$

Das Zehneck ist daher konstruierbar.

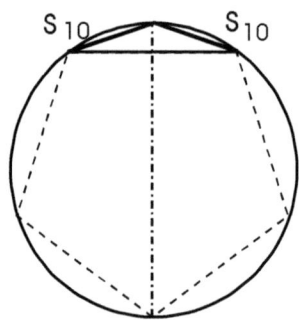

Im Jahre 1801 zeigte *Carl Friedrich Gauss*, dass noch andere n-Ecke konstruierbar sind, wenn für n Folgendes gilt :

$$n = 2^i * p_1 * p_{2 \dots} * p_q$$

i und q sind dabei natürliche Zahlen.

p_q sind Fermatsche Primzahlen entsprechend :

q	Fermatsche Primzahl
0	3
1	5
2	17
3	257
4	65 537
5	4 294 967 297 dies ist keine Primzahl, und daher nicht konstruierbar

3.1415926535897932384626433832795028841971693993

Bis heute kennt man keine Fermatsche Primzahl mit q grösser 4 .

Für andere *n-Ecke* findet man den Mittelpunktwinkel durch Zerlegung von n in Fermatsche Primzahlfaktoren, und Lösung der entsprechenden *Diophantischen* Gleichung.

Beispiel: n = 15   mit 15 = 3 * 5   ergibt sich eine Diophantische Gleichung

$$\frac{1}{15} = \frac{a}{3} + \frac{b}{5} = \frac{5a + 3b}{15}$$

somit ist   1 = 5a + 3b   (5)a = 1 - (3)b   a = (1 - (3)b) mod 5

für (5) wird: [1 2 3 4 * (3)] mod 5 = [3 6 9 12] mod 5 =
                                            =   3 [1] 4 2

beim Wert [1] entspricht   b = 2

und damit   5a = 1 - (3)*2 = -5   a = -1

das heisst : $\frac{360°}{15}$ = $360°\frac{2}{3}$ + $360°\frac{-1}{5}$ ergibt   24° = 144° - 120°

Der Mittelpunktswinkel eines 15-Ecks ist 24° und somit mit Hilfe eines 3- und 5-Ecks konstruierbar.

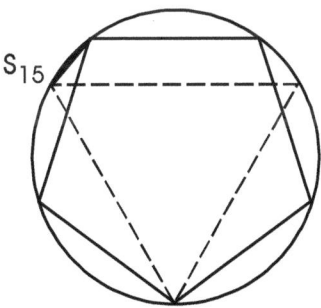

S_{15}

—

Die Seitenlänge s_{12} lässt sich durch Verdoppelung von s_6 oder durch folgende Konstruktion darstellen.

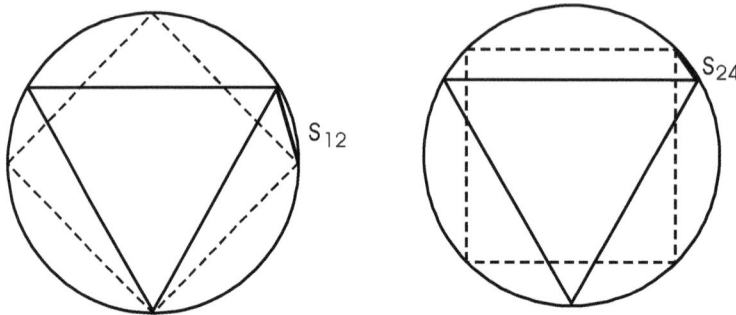

Unter Verwendung von 4- und 5-Vielecken lassen sich auch s_{20} und s_{40} darstellen.

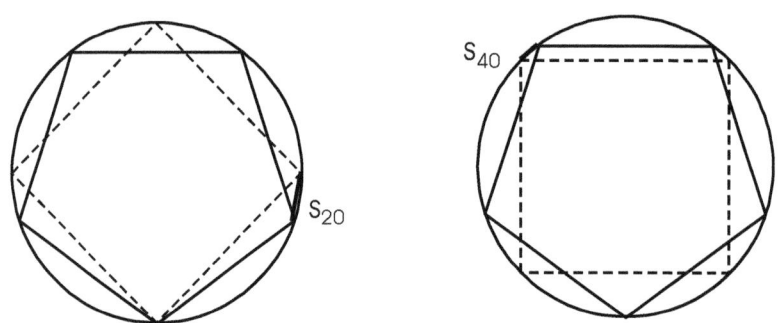

Weitere Konstruktionen durch Kombination von verschiedenen Vielecken sind damit wie gezeigt leicht möglich.

3.14159265358979323846264338327950288419716939 93

Archimedes benützte den Satz von *Pythagoras* ($a^2 + b^2 = c^2$), der für rechtwinkliche Dreiecke gilt, und berechnete Vielecke für n = 6,12,24,48 und 96.

Wie schon einmal gezeigt (Seite 19), sind die Seitenlängen von ein- beziehungsweise umbeschriebenen regelmäßigen Polygonen wie folgt definiert:

$$S_{2n} = \sqrt{2 - \sqrt{4 - S_n^2}}$$

$$S_n = 2\frac{S_n}{\sqrt{4 - S_n^2}} \qquad S_{2n} = 2\frac{S_{2n}}{\sqrt{4 - S_{2n}^2}} = 2\sqrt{\frac{2 - \sqrt{4 - S_n^2}}{2 + \sqrt{4 - S_n^2}}}$$

Für einbeschriebene n-Ecke mit n=3,4,5,6,8,10,15 und 20 können die Seitenlängen leicht gefunden werden. Diese Seitenlängen sind direkt proportional zum Radius r des zugehörigen Kreises.

$$S_3 = r * 2\sqrt{3} \qquad\qquad = r * 1{,}732050808\ldots$$

$$S_4 = r * \sqrt{2} \qquad\qquad = r * 1{,}414213562\ldots$$

$$S_5 = r * \sqrt{\frac{5 - \sqrt{5}}{2}} \qquad\qquad = r * 1{,}175570505\ldots$$

$$S_6 = r * 1 \qquad\qquad = r * 1{,}0$$

$$S_8 = r * \sqrt{2 - \sqrt{2}} \qquad\qquad = r * 0{,}765366865\ldots$$

$$S_{10} = r * \frac{\sqrt{5} - 1}{2} \qquad\qquad = r * 0{,}618033989\ldots$$

$$S_{12} = r * \sqrt{2 - \sqrt{3}} \qquad\qquad = r * 0{,}517638090\ldots$$

$$S_{15} = r * \frac{\sqrt{2\left(5 + \sqrt{5}\right)} + \sqrt{3} - \sqrt{15}}{4} \qquad = r * 0{,}415823382\ldots$$

3.141592653589793238462643383279502884197169 3993

$$S_{20} = r * \sqrt{2 - \sqrt{\frac{5 + \sqrt{5}}{2}}}$$

$$= r * 0,312868929...$$

Carl Friedrich Gauss gab für das einbeschriebene 17-Eck an:

$$S_{17} = r * \frac{1}{2} \sqrt{\left(17 - \sqrt{17} - \sqrt{2(17 - \sqrt{17})}\right) - \sqrt{17 + 3\sqrt{17} - \sqrt{2(17 - \sqrt{17})} - 2\sqrt{2(17 + \sqrt{17})}}}$$

Entsprechend ergibt sich für umbeschriebene n-Ecke:

$$S_3 = r * 2\sqrt{3}$$

$$= r * 3,464101616...$$

$$S_4 = r * 2$$

$$= r * 2,0$$

$$S_5 = r * 2\sqrt{\frac{5 - \sqrt{5}}{3 + \sqrt{5}}}$$

$$= r * 1,453085056...$$

$$S_8 = r * 2\sqrt{\frac{2 - \sqrt{2}}{2 + \sqrt{2}}}$$

$$= r * 0,828427125...$$

$$S_{10} = r * 2 \frac{\sqrt{5} - 1}{\sqrt{17 - \sqrt{5}}}$$

$$= r * 0,643385594$$

$$S_{12} = r * 2\sqrt{\frac{2 - \sqrt{3}}{2 + \sqrt{3}}}$$

$$= r * 0,535898384...$$

$$S_{15} = r * \frac{\left(\sqrt{5} - 1\right)\left(\sqrt{5 + 2\sqrt{5}} - \sqrt{3}\sqrt{5 + 2\sqrt{5}}\right)}{\sqrt{16 - \left(3 - \sqrt{5}\right)\left(\left(4 + \sqrt{5}\right) - \sqrt{3}\sqrt{5 + 2\sqrt{5}}\right)}}$$

$$= r * 0,425113123...$$

3.14159265358979323846264338327950288419716 93993

Anhang - arctan Zerlegung & Maß für Effizienz

Wie schon im Text gezeigt, kann man einen arctan-Wert in zwei oder mehr Summanden zerlegen. Bei dieser Zerlegung von $\pi/4$ in zwei Summanden u und v ergeben die Tangenswerte zwei Stammbrüche 1/m und 1/n . Nach dem Additionstheorem wird

$$\tan\frac{\pi}{4}=\tan(u+v)=\frac{\tan u+\tan v}{1-\tan u * \tan v}=\frac{1/m+1/n}{1-1/(mn)}=\frac{m+n}{mn-1}=1$$

d.h. m + n = mn -1   oder   (m -1)(n - 1) = 2

Da eben 2 nur die Teiler 1 und 2 hat, und m und n gleichberechtigt auftreten, gibt es nur die eine Lösung mit Ganzzahlen m und n:

m = 2, n = 3 : $\pi/4$ = arctan (1/2) + arctan(1/3)

Da eine andere Verbesserung durch Zerlegung in zwei Summanden nicht möglich ist, ist eine Zerlegung in 3 oder mehr Summanden anzustreben. Man kann dabei jeden Stammbruch 1/m in zwei weitere Stammbrüche $1/m_1$ und $1/m_2$ aufteilen; sodann wird

arctan 1/m = arctan $1/m_1$ + arctan $1/m_2$

und

$(m_1 - m)(m_2 - m) = m^2 + 1$

Man zerlegt $m^2 + 1$ in zwei ganzzahlige Faktoren f_1 und f_2 und setzt $m_1 - m = f_1$, $m_2 - m = f_2$, so wird

$m_1 = f_1 + m$ und $m_2 = f_2 + m$

3.141592653589793238462643383279502884197169399

So läßt sich arctan ½ weiter zerlegen (1/m = ½ oder m = 2). Dann ergibt sich für

$$m^2 + 1 = 5 \qquad \text{also wird} \qquad f_1 = 1 \qquad \text{und} \qquad f_2 = 5$$
$$m_1 = 1 + 2 = 3 \qquad \text{und} \qquad m_2 = 5 + 2 = 7$$

Als Test errechnet man $\qquad \dfrac{1}{2} = \dfrac{1/3 + 1/7}{1 - 1/(3*7)} \qquad$ somit wird

$\pi/4 = [\arctan(1/3) + \arctan(1/7)] + \arctan(1/3) = 2 \arctan(1/3) + \arctan(1/7)$

Ebenso läßt sich arctan 1/3 (1/m = 1/3 oder m = 3) weiterzerlegen. So ergibt sich

$$m^2 + 1 = 10 \qquad\qquad f_1 = 2 \qquad \text{und} \qquad f_2 = 5$$
$$m_1 = 2 + 3 = 5 \qquad \text{und} \qquad m_2 = 5 + 3 = 8$$

$$\pi/4 = 2 \arctan(1/5) + \arctan(1/7) + \arctan(1/8)$$

Wenn man dieses Verfahren immer weiter fortsetzt, werden die Stammbrüche immer kleiner und damit die arctan-Reihen immer schneller konvergent. Dabei werden es auch immer mehr Reihen. Aber von diesen können mehrere einander gleich werden, womit eine numerische Auswertung leichter wird.

Euler kannte bereits eine weitere Methode zur Zerlegung einer Arctan Reihe.

$$\arctan \frac{1}{p} = \arctan \frac{1}{p+q} + \arctan \frac{q}{p^2 + pq + 1}$$

Zum Beispiel wird für p=3 und q= 1
    arctan (1/3) = arctan (1/4) + arctan (1/13)

Charles Dogson setzte in die Euler Formel $r = (1+p^2)/q$ und erreichte damit

$$\arctan \frac{1}{p} = \arctan \frac{1}{p+q} + \arctan \frac{q}{p+r}$$

Zu den bereits gezeigten Methoden zur Zerlegen eines arctan-Wertes gibt es noch weitere Formeln, wie sie von *D.H. Lehmer*, Lehigh University (1938) publiziert wurden.

3.1415926535897932384626433832795028841971693993

Leibniz setzte in Gregorys Potenzreihe

arctan x = x/1 - x³/3 + x⁵/5 - x⁷/7 + ...   den Wert x=1 und erhielt

$$\frac{\pi}{4} = \sum_{n=0}^{\infty} (-1)^n \frac{1}{2n+1}$$

Eine wesentliche Vereinfachung der Schreibweise von Formeln für π/4 basierend auf arctan-Reihen erreicht man mit Hilfe der arcot-Darstellung

arcot x = [x]

wobei   arcot x = 1/x - 1/(3x³) + 1/(5x⁵) - 1/(7x⁷) + ...   entspricht.

Zum Verständnis beachte man
            tan 45° = 1 = cotan 45°
            45° haben im Bogenmaß den Wert π/4
und   π/4 = arctan 1 = arcot 1

Für die berühmte Machinsche Formel

    π/4 = 4 arctan (1/5) - arctan (1/239) = 4 arcot(5) - arcot(239)

wird dann mit
            arcot π/4 = [1]   folgende Vereinfachung :

[1] = 4 [5] - [239]

Oder die Euler-Beziehung   π/4 = arctan (1/2) + arctan (1/3) wird

    [1] = [2] + [3]

Weitere Formeln von Lehmer zur Zerlegung von arccot sind :

    [x] = 2[2x] - [4x³ + 3x]
    [x] = 2[(2x + 1/(2x)] + [16x⁵ + 20x³ + 5x]
    [x] = 3[3x] - [(27x⁴ + 18x² -1)/8x]
    [x] = 4[4x] - [(256x⁵ + 160x³ - 15x)/(80x² - 1)]

3.14159265358979323846264338327950288419716939 93

128

Da es wünschenswert ist, dass die einzelnen Glieder der arccot-Darstellung nach der Zerlegung ganzzahlige Integer sind, ist die Auswertung obengenannter Formel ohne Computerunterstützung doch recht mühsam.

Es folgen einige Beispiele der arccot-Zerlegung mit den gezeigten Formeln:

[1] =   [2] +   [3]
[1] = 2[2] -   [7]
[1] =   [2] +   [5] +   [8]
[1] =   [2] +   [4] +   [13]

[1] = 2[3] +   [7]

[1] = 3[4] +   [19.8]
[1] = 2[4] +   [7] + 2[13]
[1] = 3[4] +   [20] + [1985]
[1] = 4[5] -   [239]
[1] = 4[5] -   [70] +   [99]

[1] = 5[6] -   [31.4375] -   [117]

[1] = 5[7] + 2[79/3]
[1] = 5[7] + 2[26] - 2[2057]

[1] = 6[8] +   [19.8] -   [117]
[1] = 6[8] + 4[57] +   [239]

[1] = 8[10] -   [239] -   4[515]
[1] = 8[10] + 3[18] + 2[100] + 2[307] - 3[515] + 2[9901]
[1] = 8[10] - 2[452761/2543] -   [1393]
...

Selbstverständlich lassen sich auch andere arccot-Werte zerlegen :

[2] =   [3] +   [7]
[2] = 2[4] -   [38]

[3] =   [4] +   [13]
[3] =   [4] +   [14] +   [183]
[3] =   [5] +   [8]
[3] = 2[6] -   [117]

3.1415926535897932384626433832795028841971693993

[4] = [5] + [21]
[4] = 2[8] - [204]

[5] = [6] + [31]
[5] = [7] + [18]
[5] = 2[10] - [515]

...

[18] = [23] + [129]

....

[57] = [67] + [382]

[307] = [317] + [9732]   etc.

Lehmer hat sich auch damit befaßt, nach der dargestellten arccot-Zerlegung, ein Maß für den Rechenzeitaufwand für die erstellten Formeln zu definieren. Wenn man die Beziehung aller n Glieder der arcot Reihenentwicklung durch

$$\frac{k\pi}{4} = \sum_{i=1}^{n} a_i \arccot m_i$$

darstellt, ist der Arbeitsaufwand proportional zu

$$MOR = \sum_{i=1}^{n} \frac{1}{\log_{10} m_i}$$

Dieser Wert wird als sogenanntes *Beziehungsmaß* (Measure of relation = MOR) definiert, und dient als Maßstab der effektiven Konvergenz der arccot-Formeln.

Damit wird die Machinsche Formel   [1] = 4[5] - [239]   mit einem MOR-Faktor von

$$MOR = \frac{1}{\log 5} + \frac{1}{\log 239} = 1,430676 + 0,420451 = 1,851127$$

Die folgenden Liste gibt nun einen Überblick über die Recheneffizienz einiger arccot Formeln zur Berechnung von π . Die erste Spalte gibt den Faktor an für das Beziehungmaß, welches proportional zur wirklichen Rechenzeit ist. Diese Faktoren sind normiert gegen die Machin Formel. Danach folgt eine Darstellung der aktuellen Formel, mit den MOR Werten. Da man unendlich viele arccot-Formeln für die Berechnung von π erstellen kann, gibt die Aufstellung nur eine begrenzte Übersicht.

Für die Machinsche Formel wurde das Beziehungsmaß auf 1.0 normiert:

Bezieh. Maß	Werte für die arccot Darstellung	MOR
--------	--	----------------------
1,0000 \\	4:5 -1:239	1,8511(Machin)
0,8567 \\	44:57 7:239 -12:682 24:12943	1,5860(Wrench)
0,8829 \\	22:28 2:443 -5:1393 -10:12943	1,6343(Escott)
0,9651 \\	12:18 8:57 -5:239	1,7866(Gauss)
0,9665 \\	8:10 -1:239 -4:515	1,7892(Klingenstierna)
0,9962 \\	24:53 20:57 -5:239 12:4443	1,8440(Unbekannt)
1,0000 \\	4:5 -1:239	1,8511(Machin)
1,0363 \\	24:29 -4:57 7:239 -12:12238	1,9184(Unbekannt)
1,1006 \\	5:7 4:53 2:4443	2,0374
1,0992 \\	12:38 20:57 7:239 24:268	2,0348(Gauss)
1,1308 \\	10:19 7:27 2:1068 -5:3458	2,0934
1,1404 \\	32:57 24:93 -5:239 -12:785 12:5443	2,1110
1,1489 \\	56:57 -24:192 -17:239 -12:515 24:1068	2,1268
1,2110 \\	12:18 3:70 5:99 8:307	2,2418(Bennett)

1,0570 \\ 2805:5257 -398:9466 1950:12943 1850:34208 2021:44179
            2097:85353 1484:114669 1389:330182 808:485298
                                                      1,9568

1,2151 \\ 160:200 -1:239 -4:515 -8:4030 -16:50105 -16:62575 -32:500150
            -80:4000300
                                                      2,2493(Bennett)

3.14159265358979323846264338327950288419716939 93

Anhang - Kettenbruchentwicklung

Was ist ein Kettenbruch ?
Alle rationalen Zahlen könenn durch endliche Kettenbrüche dargestellt werden. Die Kettenbruchentwicklung einer reellen Zahl x ist periodisch, wenn x eine quadratische irrationale Zahl ist (d.h. x einer quadratischen Gleichung genügt). Wie schon erwähnt, können Kettenbrüche mit dem euklidischen Algorithmus entwickelt werden. Euklids Algorithmus ist eng mit den Kettenbrüchen verknüpft, entsprechend der Form

$$x = a_0 + \cfrac{b_1}{a_1 + \cfrac{b_2}{a_2 + \cfrac{b_3}{\cdots \cfrac{}{a_{n-1} + \cfrac{b_n}{a_n}}}}}$$

$$x = a_0 + b_1 / (a_1 + b_2 / (a_2 + b_3 / (a_3 + b_4 / (\bullet\bullet\bullet / (a_{n-1} + b_n / a_n) \bullet\bullet\bullet)))$$

Im Folgenden wird der Spezialfall betrachtet bei dem alle $b = 1$ sind. Die entsprechende Abkürzung ist dafür

$$x = [a_0; a_1; a_2 ; a_3 \ldots a_n] \qquad \text{Ein solcher Kettenbruch heisst regulär.}$$

Als Beispiel können $[a_1] = \dfrac{1}{a_1}$ und $[a_1; a_2] = \cfrac{1}{a_1 + \cfrac{1}{a_2}}$ ausgedrückt werden.

Folgendes Beispiel soll nun etwas näher betrachtet werden :
$x = 87 / 20$ d.h. $u = 87$ $v = 20$

i=1 z(1) = 87 \ 20 = [4]	v = 87 mod 20 = 7	u = 20 : 87 = [4]*20 + 7
i=2 z(2) = 20 \ 7 = [2]	v = 20 mod 7 = 6	u = 7 : 20 = [2]* 7 + 6
i=3 z(3) = 7 \ 6 = [1]	v = 7 mod 6 = 1	u = 6 : 7 = [1]* 6 + 1
i=4 z(4) = 6 \ 1 = [6]	v = 6 mod 1 = 0	u = 1 : 6 = [6]* 1 + 0

Die Kettenbruchdarstellung $x = [4; 2; 1; 6]$ zeigt, dass der Bruch 87/20 eine rationale Zahl ergibt und der Kettenbruch eine endliche Quotientenreihe hat. Es ist selbstverständlich klar, dass ein endlicher Kettenbruch mit ganzen Zahlen a_i einen rationalen Wert hat.

$$x = 87/20 = 4{,}35$$

3.141592653589793238462643383279502884197169 93993

Wenn man bei einem vorgegebenen Kettenbruch die Teiler-Reihe vorzeitig abbricht, erhält man natürlich die ursprüngliche Zahl nicht zurück, sondern einen Näherungwert, der sich durch den Abbruch der Reihe, einen bestimmten Näherungsbruch u_i / v_i, ergibt.

Für den oben benützten Bruch $x = 87 / 20$ ergeben sich folgende Näherungswerte entsprechend der fortlaufenden Teiler-Reihe.

i = 1	[4] =	4 : 1	=	4,0
i = 2	[4; 2] =	9 : 2	=	4,5
i = 3	[4; 2; 1] =	13 : 3	=	4,33333...
i = 4	[4; 2; 1; 6] =	87 : 20	=	4,35

Die Näherungsbrüche und damit ihre Näherungswerte eines Kettenbruches sind also abwechselnd kleiner und grösser als der Grenzwert.

Eine irrational Zahl hat, wie schon erwähnt, einen unendlichen Kettenbruch, und die konvergente Umkehrung des Kettenbruches wird immer durch eine bestimmte Anzahl der Quotienten begrenzt sein, d.h. man wird immer nur einen Näherungswert erhalten.

Auch für die Zahl π kann eine Kettenbruch-Darstellung gebildet werden. Da π eine irrationale Zahl ist hat der Kettenbruch eine unendliche Teiler-Reihe. Das Abbrechen dieser Reihe ergibt dann die erwähnten Näherungswerte, wie schon 1760 durch Lambert angegeben wurde.

π=[3;7;15;1;292;1;1;1;2;1;3;1;14;2;1;1;2;2;2;2;1;84;2;1;1;15;3;13;1;4;2;6;6;99;1;...]

Im Folgenden sind einige Näherungswerte aufgezeigt :

31 415 / 10 000 = [3; 7; 14; 1; 8; 2]	$\equiv$	3,1415
3 141 592 / 1 000 000 = [3; 7; 15; 1; 84; 6; 2]	$\equiv$	3,141592
3 141 592 653 / 1 000 000 000 = [3; 7; 15;1; 291; 1; 75]	$\equiv$	3,141592653

Bei Benützung einer begrenzten Anzahl von Teilern aus der obengezeigten unendlichen Teilerreihe von π ergeben sich folgende Ergebnisse :

[3; 7; 15;]	$\equiv$ 3,141592920...
[3, 7; 1; 292]	$\equiv$ 3,1415926530110...
[3; 7; 1; 292; 1; 1; 1; 2]	$\equiv$ 3,1415926535810777...
etc.	

3.1415926535897932384626433832795028841971693993

Anhang - Ramanujan

Ramanujan hat in seinen handgeschriebenen Notizbüchern eine grosse Anzahl von neuen mathematischen Ideen und auch Theorien aufgezeichnet, aus denen heute noch äusserst leistungsfähige Algorithmen abgeleitet werde, so auch zur Berechnung von π. Er benützte dazu seine eigene, eigenwillige Formelsprache, die es den Mathematikern nicht immer leicht gemacht hat, diese Aufzeichnungen zu entschlüsseln. Über Jahre hinweg wurde durch Spezialisten eine „moderne" Version dieser Notizbücher veröffentlicht.

Beispiele von Formeln zur Berechnung einiger Näherungswerte von π.

1. Allgemeine Näherungswerte: richtige Dezimalstellen

$$\pi \approx (19/16)\sqrt{7} \qquad\qquad 3$$

$$\pi \approx 9/5 + \sqrt{9/5} \qquad\qquad 3$$

$$\pi \approx 7/3\,(1 + \sqrt{3}/5 \qquad\qquad 3$$

$$\pi \approx (14 + 10\sqrt{2})/(33 - 17\sqrt{2}) \qquad\qquad 3$$

$$\pi \approx (99/80)\,(7/7 - 3\sqrt{2}) \qquad\qquad 6$$

$$\pi \approx (2206\sqrt{2})/9801 \qquad\qquad 6$$

$$\pi \approx (140 + 26\sqrt{29})/(99\sqrt{29} - 444) \qquad\qquad 7$$

$$\pi^4 \approx [97+2;2;3;1] = (97+\tfrac{1}{2}+1/11) = (97+9/22) \qquad 8$$

$$\pi \approx \left(9^2 + (19^2/22)\right)^{1/4} \qquad\qquad 8$$

$$\pi \approx (63/25)\,(17 + 15\sqrt{5})/(7 + 15\sqrt{5}) \qquad\qquad 10$$

$$\pi \approx \left(97 + \tfrac{1}{2} - {}^1/_{11}\right)^{1/4} = \left(97 + {}^9/_{11}\right)^{1/4} \qquad 12$$

$$\pi = \frac{355}{133}\left(1 - \frac{0{,}0003}{3533}\right) \qquad\qquad 14$$

Weitere allgemeine Näherungswerte, deren Ursprung sich nicht nachvollziehen lässt:

$$\pi \approx ((553/(311+1))^2 \qquad\qquad 4$$

$$\pi \approx (3/(14)^4\,(193/5)^2 \qquad\qquad 4$$

$$\pi \approx (296/167)^2 \qquad\qquad 5$$

$$\pi \approx ((66^3 + 86^2)/55^3)^2 \qquad\qquad 6$$

$$\pi \approx (47^3 + 20^3)/30^3 - 1 \qquad\qquad 7$$

3.14159265358979323846264338327950288419716939937

$$\pi \approx (77729 / 254)^{1/5} \qquad\qquad 8$$
$$\pi \approx (31 + (62^2 + 14) / 28^4)^{1/3} \qquad\qquad 9$$
$$\pi \approx (95 + (93^4 + 34^4 + 17^4 + 88) / 75^4)^{1/4} \qquad\qquad 10$$
$$\pi \approx (1700^3 + 82^3 - 10^3 - 9^3 - 6^3 - 3^3) / 69^5 \qquad\qquad 11$$
$$\pi \approx (100 - (2125^3 + 214^3 + 30^3 + 37^2) / 82^5)^{1/4} \qquad\qquad 11$$

Castellanos hat 1988 folgende interessante Näherungsformeln für π gegeben :

$$\pi \approx (2e^3 + e^8)^{1/7} \qquad\qquad 3$$
$$\pi \approx 2 + (1 + (413 / 750)^2)^{1/2} \qquad\qquad 7$$

$$\pi \approx 1{,}09999901 * 1{,}19999911 * 1{,}39999931 * 1{,}69999961$$
ergibt 5 richtige Dezimalstellen.

2. Liste von Werten für G_n und g_{2n} : von Ramanunjan berechnet

Wenn nicht anders vermerkt, werden diese Werte zur Näherungsberechnung von π in den erwähnten ln - Gleichungen benützt.

$$\pi = (24 / \sqrt{n}) \ \ln(2^{1/4} G_n) \qquad\qquad \pi = (24 / \sqrt{n}) \ \ln(2^{1/4} g_n)$$

$$G_5 = (^1/_2(1 + \sqrt{5}))^{1/4}$$
$$G_9 = (^1/_{\sqrt{2}}(1 + \sqrt{3}))^{1/3}$$
$$G_{13} = (1 + \sqrt{5}) / 2$$
$$G_{17} = (^1/_8(5 + \sqrt{7}))^{1/2} + (^1/_8(\sqrt{7} - 3))^{1/2}$$
$$G_{25} = (6 + \sqrt{37})^{1/4}$$
$$G_{49} = (7^{1/4} + \sqrt{4+\sqrt{7}}) / 2$$
$$G_{65} = [(\tfrac{1}{2}(1+\sqrt{5}))(\tfrac{1}{2}(3+\sqrt{13}))]^{1/4}[(^1/_8(9+\sqrt{65}))^{1/2}+(^1/_8(1+\sqrt{65}))^{1/2}]^{1/2}$$

$$G_{69} = [(3\sqrt{3}+\sqrt{23})^{1/4}(^1/_4(5+\sqrt{23}))^{1/6}((^1/_4(6+3\sqrt{3}))^{1/2}+(^1/_4(2+3\sqrt{3}))^{1/2}]^{1/2}$$

$$G_{73} = (^1/_8(9+\sqrt{73}))^{1/2} + (^1/_8(1+\sqrt{73}))^{1/2}$$
$$G_{77} = \{[(8+3\sqrt{7})(^1/_2(\sqrt{7}+\sqrt{11}))]^{1/4}[(^1/_4(6+\sqrt{11}))^{1/2}+(^1/_4(2+\sqrt{11}))^{1/2}]\}^{1/2}$$
$$G_{81} = \{((2\sqrt{3}+2)^{1/3}+1) / ((2\sqrt{3}-2)^{1/3}-1)\}^{1/3}$$

3,14159265358979323846264338327950288419716939937

$$G_{85} = (^1/_2(1 + \sqrt{5}\,))\ (^1/_2(9+\sqrt{85}\,))^{1/4}$$

$$G_{97} = (^1/_8(13 + \sqrt{97}\,))^{1/2} + (^1/_8(5+\sqrt{97}\,))^{1/2}$$

$$G_{117} = \tfrac{1}{2}((3+\sqrt{13}\,)/2)^{1/4}\,(2\sqrt{3} + \sqrt{13}\,)^{1/6}[3^{1/4}+\sqrt{(4+\sqrt{3}\,)}]$$

$$G_{153} = \{(^1/_8(5+\sqrt{17}\,))^{1/2}+(^1/_8(\sqrt{17} -3\,))^{1/2}\}^2\ *$$
$$*\ \ \{(^1/_4(37+9\sqrt{17}\,))^{1/2}+(^1/_4(33+9\sqrt{17}\,))^{1/2}\}^{1/3}$$

$$G_{385} = (^1/_8(3 + \sqrt{11}\,)(\sqrt{5} + \sqrt{7}\,)(\sqrt{7}+\sqrt{11}\,))(3+\sqrt{5}\,))^{1/2}$$

$$g_{10} = (\tfrac{1}{2}(1 + \sqrt{5}\,))^{1/2}$$

$$g_{18} = (\sqrt{2} +\sqrt{2}\,)^{1/3}$$

$$g_{30} = ((2 + \sqrt{5}\,)(3+\sqrt{10}\,))^{1/6}$$

$$g_{34} = (^1/_8(7 + \sqrt{17}\,))^{1/2} + (^1/_8(\sqrt{17} - 1))^{1/2}$$

$$g_{58} = (\tfrac{1}{2}(5 +\sqrt{29}\,))^{1/2}$$

$$g_{70} = ((2 + \sqrt{5}\,)(3+\sqrt{10}\,)\,/\,2)^{1/2}$$

$$g_{130} = [(2 + \sqrt{5}\,)(\tfrac{1}{2}(3 + \sqrt{13}\,))]^{1/2}$$

$$g_{190} = ((2 + \sqrt{5}\,)(3+\sqrt{10}\,))^{1/2}$$

$$g_{310} = {}^1/_2(1 + \sqrt{5}\,)(1+\sqrt{2}\,)^{1/2}\{(^1/_4(7`+ 2\sqrt{10}\,))^{1/2} + (^1/_4(3+\sqrt{10}\,))^{1/2}\}$$

etc.

3. Näherungswerte über $e^{\pi/x\sqrt{z}}$ und entsprechende logarithmische Ausdrücke :

$$e^{\pi/4\sqrt{30}} \approx 4\sqrt{3}\ (5+4\sqrt{2}\,) \qquad \pi \approx \frac{4}{\sqrt{30}}\ \ln\left\{(4\sqrt{3}\,)(5 + 4\sqrt{2}\,)\right\}$$

$$e^{\pi/4\sqrt{34}} \approx 12(4 +\sqrt{17}\,) \qquad \pi \approx \frac{4}{\sqrt{34}}\ \ln\left\{12(4 +\sqrt{17}\,)\right\}$$

$$\pi \approx \frac{8}{\sqrt{18}}\ \ln\left\{2\sqrt{7}\right. \qquad \pi \approx \frac{12}{\sqrt{22}}\ \ln\left\{2 + \sqrt{2}\right\}$$

$$\pi \approx \frac{4}{\sqrt{30}}\ \ln\left\{20\sqrt{3} + 16\sqrt{6}\right\} \quad \pi \approx \frac{4}{\sqrt{42}}\ \ln\left\{84 + 32\sqrt{6}\right\}$$

$$\pi \approx \frac{2}{\sqrt{46}}\ \ln\left\{144(147 + 104\sqrt{2}\,)\right\}$$

3.14159265358979323846264338327950288419716939 93

$$\pi \approx \frac{24}{\sqrt{55}} \ln\left\{ (1 + \sqrt{3 + 2\sqrt{5}}) / \sqrt{2} \right\}$$

$$\pi \approx \frac{12}{\sqrt{58}} \ln\left\{ (5 + \sqrt{29}) / \sqrt{2} \right\}$$

$$\pi \approx \frac{4}{\sqrt{70}} \ln\left\{ 60\sqrt{35} + 96\sqrt{14} \right\}$$

$$\pi \approx \frac{4}{\sqrt{78}} \ln\left\{ 300\sqrt{3} + 208\sqrt{6} \right\}$$

$$\pi \approx \frac{4}{\sqrt{102}} \ln\left\{ 800\sqrt{3} + 196\sqrt{51} \right\}$$

$$\pi \approx \frac{4}{\sqrt{130}} \ln\left\{ 12(323 + 40\sqrt{65}) \right\}$$

$$\pi \approx \frac{12}{\sqrt{130}} \ln\left\{ (2 + \sqrt{5})(3 + \sqrt{13}) / \sqrt{2} \right\}$$

$$\pi \approx \frac{24}{\sqrt{142}} \ln\left\{ (\tfrac{1}{4}(10 + 11\sqrt{2}))^{1/2} + (\tfrac{1}{4}(10 + 7\sqrt{2}))^{1/2} \right\}$$

$$\pi \approx \frac{12}{\sqrt{190}} \ln\left\{ (2\sqrt{2} + \sqrt{10})(3 + \sqrt{10}) \right\}$$

$$\pi \approx \frac{12}{\sqrt{310}} \ln\left[\tfrac{1}{4}(3 + \sqrt{5})(2 + \sqrt{2})\left\{ (5 + 2\sqrt{10}) + \sqrt{61 + 20\sqrt{10}} \right\} \right]$$

$$\pi \approx \frac{4}{\sqrt{522}} \ln\left[((10 + 11\sqrt{2}) / \sqrt{2})^3 (5\sqrt{29} + 11\sqrt{6}) * \right.$$

$$\left. * \left\{ \sqrt{9 + 3\sqrt{6}} / 4 + \sqrt{5 + 3\sqrt{6}} / 4 \right\}^6 \right]$$

Die letzten fünf Formeln ergeben 15, 16, 18, 22 und 31 richtige Dezimalstellen für π.

4. Unendliche Summenreihen für $1/\pi$ Werte :

$$\frac{1}{\pi} = \frac{\sqrt{8}}{9801} \sum_{n=0}^{\infty} \frac{(4n)!(1103 + 26390\,n)}{(n!)^4 \, 396^{4n}}$$

$$1/\pi = \sum_{n=0}^{\infty} \left\{ (-1)^n (1123 + 21460n) (2n - 1)!! (4n - 1)!! / 882^{2n+1} \; 32^n (n!)^3 \right\}$$

3.I4I592653589793238462643383279502884I97I693993

$$1/\pi = \sum_{n=0}^{\infty} \{(-1)^n (6n)!(13591409+545140134n) / ((3n)!(n!)^3(640320^3)^{n+1/2}) \}$$

$$4/\pi = \sum [(6n + 1)(\tfrac{1}{2})_n^3] / [4^n (n!)^3]$$

$$4/\pi = \sum [(-1)^n (20n + 3) (\tfrac{1}{2})_n (\tfrac{1}{4})_n (\tfrac{3}{4})_n] / [2^{2n+1} (n!)^3]$$

$$4/\pi = \sum [(-1)^n (260n + 23) (\tfrac{1}{2})_n (\tfrac{1}{4})_n (\tfrac{3}{4})_n] / [18^{2n+1} (n!)^3]$$

$$4/\pi = \sum [(-1)^n (21460n + 1123) (\tfrac{1}{2})_n (\tfrac{1}{4})_n (\tfrac{3}{4})_n] / [882^{2n+1} (n!)^3]$$

$$16/\pi = \sum [(42n + 5)(\tfrac{1}{2})_n^3] / [64^n (n!)^3]$$

$$1/(2\pi\sqrt{2}) = \sum [(10n + 1) (\tfrac{1}{2})_n (\tfrac{1}{4})_n (\tfrac{3}{4})_n] / [9^{2n+1} (n!)^3]$$

$$1/(3\pi\sqrt{3}) = \sum [(40n + 3)(\tfrac{1}{2})_n (\tfrac{1}{4})_n (\tfrac{3}{4})_n] / [(n!)^3 49^{2n+1}]$$

$$1/(2\pi\sqrt{2}) = \sum [(26290n + 1103)(\tfrac{1}{2})_n (\tfrac{1}{4})_n (\tfrac{3}{4})_n] / [(n!)^3 99^{4n+2}]$$

$$2\sqrt{3}/\pi = \sum [(8n + 1) (\tfrac{1}{2})_n (\tfrac{1}{4})_n (\tfrac{3}{4})_n] / [9^n (n!)^3]$$

$$2/(\pi\sqrt{11}) = \sum [(280n + 19)(\tfrac{1}{2})_n (\tfrac{1}{4})_n (\tfrac{3}{4})_n] / [(n!)^3 99^{2n+1}]$$

$$4/(\pi\sqrt{3}) = \sum [((-1)^n (28n + 3)(\tfrac{1}{2})_n (\tfrac{1}{4})_n (\tfrac{3}{4})_n] / [3^n 4^{2n+1} (n!)^3]$$

$$4/(\pi\sqrt{5}) = \sum [((-1)^n (644n + 41)(\tfrac{1}{2})_n (\tfrac{1}{4})_n (\tfrac{3}{4})_n] / [5^n 72^{2n+1} (n!)^3]$$

$$27/(4\pi) = \sum \{[(15n + 2)(\tfrac{1}{2})_n (\tfrac{1}{3})_n (\tfrac{2}{3})_n] / (n!)^3\}\{2/27\}^n$$

$$32/\pi = \sum \{(42\sqrt{5}n+5\sqrt{5}+30n-1)(\tfrac{1}{2})_n^3/[(64)^n (n!)^3]\}\{((\sqrt{5}-1)/2)\}^{8n}$$

$$15\sqrt{3}/(2\pi) = \sum \{[(33n + 4)(\tfrac{1}{2})_n (\tfrac{1}{3})_n (\tfrac{3}{3})_n] / (n!)^3\}\{4/125\}^n$$

$$5\sqrt{5}/(2\pi\sqrt{3}) = \sum \{[(11n + 1)(\tfrac{1}{2})_n (\tfrac{1}{6})_n (\tfrac{5}{6})_n] / (n!)^3\}\{4/125\}^n$$

$$85\sqrt{85}/(18\pi\sqrt{3}) = \sum \{[(133n + 8)(\tfrac{1}{2})_n (\tfrac{1}{6})_n (\tfrac{5}{6})_n] / (n!)^3\}\{4/85\}^n$$

In den gezeigten Gleichungen sind folgende Symbole äquivalent :

$(\tfrac{1}{2})_n = (1 * 3 * 5 * 7 * ...) / (2 * 4 * 6 * 8 * ...) \quad = (2n+1)! / (2n)!$

$(\tfrac{1}{3})_n = (1 * 4 * 7 * 10 * ...) / (3 * 6 * 9 * 12 * ...) \quad = (3n+1)! / (3n)!$

$(\tfrac{1}{4})_n = (1 * 5 * 9 * 13 * ...) / (4 * 8 * 12 * 16 * ...) \quad = (4n+1)! / (4n)!$

$(\tfrac{1}{6})_n = (1 * 7 * 13 * 19 * ...) / (6 * 12 * 18 * 24 * ...) = (6n+1)! / (6n)!$

$(\tfrac{2}{3})_n = (2 * 5 * 8 * 11 * ...) / (3 * 6 * 9 * 12 * ...) \quad = (3n+2)! / (3n)!$

$(\tfrac{3}{4})_n = (3 * 7 * 11 * 15 * ...) / (4 * 8 * 12 * 16 * ...) \quad = (4n-1)! / (4n)!$

$(\tfrac{5}{6})_n = (5 * 11 * 17 * 23 * ...) / (6 * 12 * 18 * 24 * ...) = (6n+5)! / (6n)!$

3.14159265358979323846264338327950288419716939 93

5. Näherungswerte über $e^{\pi/x\sqrt{z}}$

$e^{\pi/4\sqrt{30}} \approx 4\sqrt{3}\ (5+4\sqrt{2})$ $\qquad = 73,8328520359...$

$\qquad\qquad\qquad e^{\pi/4\sqrt{30}}$ $\qquad = 73,8327874369...$

$e^{\pi/4\sqrt{34}} \approx 12(4 + \sqrt{17})$ $\qquad = 97,477267...$

$\qquad\qquad\qquad e^{\pi/4\sqrt{34}}$ $\qquad = 97,4772394360...$

$e^{\pi/4\sqrt{46}} \approx 144(147 + 104\sqrt{2})$ $\qquad = 42347,2623...$

$\qquad\qquad\qquad e^{\pi/4\sqrt{46}}$ $\qquad = 42347,2610821569...$

$e^{\pi/4\sqrt{70}} \approx 12\sqrt{7}\ (5\sqrt{5} +8\sqrt{2})$ $\qquad = 714,16389611...$

$\qquad\qquad\qquad e^{\pi/4\sqrt{70}}$ $\qquad = 714,16389604489...$

$e^{\pi/4\sqrt{78}} \approx 4\sqrt{3}\ (75+52\sqrt{2})$ $\qquad = 1029,109108769...$

$\qquad\qquad\qquad e^{\pi/4\sqrt{78}}$ $\qquad = 1029,109108745708701...$

$e^{\pi/4\sqrt{102}} \approx 4\sqrt{3}\ (200+49\sqrt{17})$ $\qquad = 2785,3606180495...$

$\qquad\qquad\qquad e^{\pi/4\sqrt{102}}$ $\qquad = 2785,360618048297258...$

und

$e^{\pi/4\sqrt{130}} \approx 12(323 + 40\sqrt{65})$ $\qquad = 7745,88371918330...$

$\qquad\qquad\qquad e^{\pi/4\sqrt{130}}$ $\qquad = 7745,883719183247888...$

3.1415926535897932384626433832795028841971693993

Anhang - Hochgenaue Computer Berechnungen von pi

Grundsätzlich kann man mit Gleitkomma- oder Ganzzahl(Integer)-Arithmetik rechnen. Eines der wichtigsten Elemente für hochgenaue Computer Berechnungen sind spezielle, sehr schnelle und genaue Programme. Selbstverständlich könnte man die Problematik einfach mit sehr langen Rechenzeiten angehen, jedoch besteht immer das Risiko, dass ein verborgener und nicht bemerkter Hardware-Fehler auftritt, und damit müsste man das Ergebnis nahezu immer in Frage stellen.

Der Supercomputer Cray-2 beim NASA AMES Forschungszentrum, den David H. Bailey und andere für die Berechnung von Millionen von Stellen von π benützt haben, ist extrem schnell. Sein Hauptspeicher hält 2^{28} Computer Wörter mit je 64 Informations bits. Cray-2 arbeitet mit einem FORTRAN Compiler in sogenannter Vector Mode, die doch etwa 20 mal schneller als Scalar Mode in Gleitkomma-Mode ist. Der Cray-2 wurde eben für Gleitkomma-Arithmetik ausgelegt.

Bei Integer-Arithmetik entfällt das Problem ob denn alle „carries" (=Überträge) berücksichtigt wurden, wenn zwei oder mehr aufeinander folgende Gruppen von 9999999 auftreten. Durch Verwendung von optimierten FFT-Programmroutinen wurde das Problem des Multiplikation von Zahlen mit sehr vielen Stellen gelöst.
Der Autor hat viele der Algorithmen und Routinen, die in diesem Buch enthalten sind, programmiert und auf einem normalen PC mit Pentium Prozessor gefahren.

Benützt wurde der *ARIBAS Interpreter for Arithmetic* von Professor *Dr. Otto Forster* der Universität München. Dieser Interpreter steht im INTERNET zum kostenlosen „down load" vom FTP-Server des Mathematischen Institut der LMU München :

ftp.mathematikwww.uni-muenchen.de unter Directory *pub/forster/aribas*.

Aribas ist ein interaktiver Interpreter vor allem für Ganzzahl-Arithmetik grosser Zahlen, und mit ihm kann auch Gleitkomma-Arithmetik programmiert werden.
Gleitkomma-Genauigkeit geht bis 192 bit, was etwa 56 Dezimalstellen entspricht. Ganzzahl-Arithmetik erlaubt Integer-Zahlen bis 2^{65535}, das sind ungefähr 24065 Stellen zur Basis 10.
Aribas lehnt sich in der Syntax an Modulo-2 an, enthält aber auch Elemente von Lisp, C, Fortran und anderen Sprachen.

3.1415926535897932384626433832795028841971693993

π verwandte Konstante (Basis 10)

π = 3,1415926535 8979323846 2643383279 5028841971 6939937510

$1/\pi$ = 0,3183098861 8379067153 7767526745 0287240689 1929148091

$\pi/4$ = 0,7853981633 9744830961 5660845819 8757210492 9234984377

π^2 = 9,8696044010 8935861883 4490999876 1511353136 994072407

π^3 = 31,0062766802 9982017547 6315067101 3952022252 8856588510

π^4 = 97,4090910340 0243723644 0332688705 1112497275 8567268542

π^5 = 306,0196847852 8145326274 1310043435 6064803007 0668807499

$\sqrt[2]{\pi}$ = 1,7724538509 0551602729 8167483341 1451827975 4945612238

$\sqrt[3]{\pi}$ = 1,4645918875 6152326302 0142527263 7903917385 9685562793

$\sqrt[4]{\pi}$ = 1,3313353638 0038971279 7534917950 2808533093 6622381810

$\sqrt[5]{\pi}$ = 1,2572741156 6918505938 4522114110 4482939061 6631003965

$6/\pi^2$ = 0,6079271018 5402662866 3276779258 3658334261 5264803347

e = 2,7182818284 5904523536 0287471352 6624977572 4709369995

π^e = 22,4591577183 6104547342 7152204543 7350275893 1513399669

e^π = 23,1406926327 7926900572 9086367948 5473802661 0624260021

$\log_2 \pi$ = 1,6514961294 7231879804 3279295108 0073350184 7692676304

$\log_e \pi$ = 1,1447298858 4940017414 3427351363 0587116472 9481291531

$\log_{10} \pi$ = 0,4971498726 9413385435 1268288290 8988736516 7832438044

$e + \pi$ = 5,8598744820 4883847382 2930854632 1653819544 1649300750

$e\pi$ = 8,5397342226 7356706546 3550869546 5744950348 8853576511

3.14159265358979323846264338327950288419716939 93

π Dezimaldigits   1 bis 1000
3.   1415926535_8979323846_2643383279_5028841971_6939937510_
5820974944_5923078164_0628620899_8628034825_3421170679_
8214808651_3282306647_0938446095_5058223172_5359408128_
4811174502_8410270193_8521105559_6446229489_5493038196_
4428810975_6659334461_2847564823_3786783165_2712019091_
4564856692_3460348610_4543266482_1339360726_0249141273_
7245870066_0631558817_4881520920_9628292540_9171536436_
7892590360_0113305305_4882046652_1384146951_9415116094_
3305727036_5759591953_0921861173_8193261179_3105118548_
0744623799_6274956735_1885752724_8912279381_8301194912_

9833673362_4406566430_8602139494_6395224737_1907021798_
6094370277_0539217176_2931767523_8467481846_7669405132_
0005681271_4526356082_7785771342_7577896091_7363717872_
1468440901_2249534301_4654958537_1050792279_6892589235_
4201995611_2129021960_8640344181_5981362977_4771309960_
5187072113_4999999837_2978049951_0597317328_1609631859_
5024459455_3469083026_4252230825_3344685035_2619311881_
7101000313_7838752886_5875332083_8142061717_7669147303_
5982534904_2875546873_1159562863_8823537875_9375195778_
1857780532_1712268066_1300192787_6611195909_2164201989_

Dezimaldigits   1001 bis 2000
3809525720_1065485863_2788659361_5338182796_8230301952_
0353018529_6899577362_2599413891_2497217752_8347913151_
5574857242_4541506959_5082953311_6861727855_8890750983_
8175463746_4939319255_0604009277_0167113900_9848824012_
8583616035_6370766010_4710181942_9555961989_4676783744_
9448255379_7747268471_0404753464_6208046684_2590694912_
9331367702_8989152104_7521620569_6602405803_8150193511_
2533824300_3558764024_7496473263_9141992726_0426992279_
6782354781_6360093417_2164121992_4586315030_2861829745_
5570674983_8505494588_5869269956_9092721079_7509302955_

3211653449_8720275596_0236480665_4991198818_3479775356_
6369807426_5425278625_5181841757_4672890977_7727938000_
8164706001_6145249192_1732172147_7235014144_1973568548_
1613611573_5255213347_5741849468_4385233239_0739414333_
4547762416_8625189835_6948556209_9219222184_2725502542_
5688767179_0494601653_4668049886_2723279178_6085784383_
8279679766_8145410095_3883786360_9506800642_2512520511_
7392984896_0841284886_2694560424_1965285022_2106611863_
0674427862_2039194945_0471237137_8696095636_4371917287_
4677646575_7396241389_0865832645_9958133904_7802759009_

142

π Dezimaldigits   2001 bis 3000
9465764078_9512694683_9835259570_9825822620_5224894077_
2671947826_8482601476_9909026401_3639443745_5305068203_
4962524517_4939965143_1429809190_6592509372_2169646151_
5709858387_4105978859_5977297549_8930161753_9284681382_
6868386894_2774155991_8559252459_5395943104_9972524680_
8459872736_4469584865_3836736222_6260991246_0805124388_
4390451244_1365497627_8079771569_1435997700_1296160894_
4169486855_5848406353_4220722258_2848864815_8456028506_
0168427394_5226746767_8895252138_5225499546_6672782398_
6456596116_3548862305_7745649803_5593634568_1743241125_

1507606947_9451096596_0940252288_7971089314_5669136867_
2287489405_6010150330_8617928680_9208747609_1782493858_
9009714909_6759852613_6554978189_3129784821_6829989487_
2265880485_7564014270_4775551323_7964145152_3746234364_
5428584447_9526586782_1051141354_7357395231_1342716610_
2135969536_2314429524_8493718711_0145765403_5902799344_
0374200731_0578539062_1983874478_0847848968_3321445713_
8687519435_0643021845_3191048481_0053706146_8067491927_
8191197939_9520614196_6342875444_0643745123_7181921799_
9839101591_9561814675_1426912397_4894090718_6494231961_

Dezimaldigits   3001 bis 4000
5679452080_9514655022_5231603881_9301420937_6213785595_
6638937787_0830390697_9207734672_2182562599_6615014215_
0306803844_7734549202_6054146659_2520149744_2850732518_
6660021324_3408819071_0486331734_6496514539_0579626856_
1005508106_6587969981_6357473638_4052571459_1028970641_
4011097120_6280439039_7595156771_5770042033_7869936007_
2305587631_7635942187_3125147120_5329281918_2618612586_
7321579198_4148488291_6447060957_5270695722_0917567116_
7229109816_9091528017_3506712748_5832228718_3520935396_
5725121083_5791513698_8209144421_0067510334_6711031412_

6711136990_8658516398_3150197016_5151168517_1437657618_
3515565088_4909989859_9823873455_2833163550_7647918535_
8932261854_8963213293_3089857064_2046752590_7091548141_
6549859461_6371802709_8199430992_4488957571_2828905923_
2332609729_9712084433_5732654893_8239119325_9746366730_
5836041428_1388303203_8249037589_8524374417_0291327656_
1809377344_4030707469_2112019130_2033038019_7621101100_
4492932151_6084244485_9637669838_9522868478_3123552658_
2131449576_8572624334_4189303968_6426243410_7732269780_
2807318915_4411010446_8232527162_0105265227_2111660396_

3.14159265358979323846264338327950288419716939993

π Dezimaldigits   4001 bis 5000
    6655730925_4711055785_3763466820_6531098965_2691862056_
    4769312570_5863566201_8558100729_3606598764_8611791045_
    3348850346_1136576867_5324944166_8039626579_7877185560_
    8455296541_2665408530_6143444318_5867697514_5661406800_
    7002378776_5913440171_2749470420_5622305389_9456131407_
    1127000407_8547332699_3908145466_4645880797_2708266830_
    6343285878_5698305235_8089330657_5740679545_7163775254_
    2021149557_6158140025_0126228594_1302164715_5097925923_
    0990796547_3761255176_5675135751_7829666454_7791745011_
    2996148903_0463994713_2962107340_4375189573_5961458901_

    9389713111_7904297828_5647503203_1986915140_2870808599_
    0480109412_1472213179_4764777262_2414254854_5403321571_
    8530614228_8137585043_0633217518_2979866223_7172159160_
    7716692547_4873898665_4949450114_6540628433_6639379003_
    9769265672_1463853067_3609657120_9180763832_7166416274_
    8888007869_2560290228_4721040317_2118608204_1900042296_
    6171196377_9213375751_1495950156_6049631862_9472654736_
    4252308177_0367515906_7350235072_8354056704_0386743513_
    6222247715_8915049530_9844489333_0963408780_7693259939_
    7805419341_4473774418_4263129860_8099888687_4132604721_

Dezimaldigits   5001 bis 6000
    5695162396_5864573021_6315981931_9516735381_2974167729_
    4786724229_2465436680_0980676928_2382806899_6400482435_
    4037014163_1496589794_0924323789_6907069779_4223625082_
    2168895738_3798623001_5937764716_5122893578_6015881617_
    5578297352_3344604281_5126272037_3431465319_7777416031_
    9906655418_7639792933_4419521541_3418994854_4473456738_
    3162499341_9131814809_2777710386_3877343177_2075456545_
    3220777092_1201905166_0962804909_2636019759_8828161332_
    3166636528_6193266863_3606273567_6303544776_2803504507_
    7723554710_5859548702_7908143562_4014517180_6246436267_

    9456127531_8134078330_3362542327_8394497538_2437205835_
    3114771199_2606381334_6776879695_9703098339_1307710987_
    0408591337_4641442822_7726346594_7047458784_7787201927_
    7152807317_6790770715_7213444730_6057007334_9243693113_
    8350493163_1284042512_1925651798_0694113528_0131470130_
    4781643788_5185290928_5452011658_3934196562_1349143415_
    9562586586_5570552690_4965209858_0338507224_2648293972_
    8584783163_0577775606_8887644624_8246857926_0395352773_
    4803048029_0058760758_2510474709_1643961362_6760449256_
    2742042083_2085661190_6254543372_1315359584_5068772460_

3.141592653589793238462643383279502884197169399

π Dezimaldigits   6001 bis 7000
2901618766_7952406163_4252257719_5429162991_9306455377_
9914037340_4328752628_8896399587_9475729174_6426357455_
2540790914_5135711136_9410911939_3251910760_2082520261_
8798531887_7058429725_9167781314_9699009019_2116971737_
2784768472_6860849003_3770242429_1651300500_5168323364_
3503895170_2989392233_4517220138_1280696501_1784408745_
1960121228_5993716231_3017114448_4640903890_6449544400_
6198690754_8516026327_5052983491_8740786680_8818338510_
2283345085_0486082503_9302133219_7155184306_3545500766_
8282949304_1377655279_3975175461_3953984683_3936383047_

4611996653_8581538420_5685338621_8672523340_2830871123_
2827892125_0771262946_3229563989_8989358211_6745627010_
2183564622_0134967151_8819097303_8119800497_3407239610_
3685406643_1939509790_1906996395_5245300545_0580685501_
9567302292_1913933918_5680344903_9820595510_0226353536_
1920419947_4553859381_0234395544_9597783779_0237421617_
2711172364_3435439478_2218185286_2408514006_6604433258_
8856986705_4315470696_5747458550_3323233421_0730154594_
0516553790_6866273337_9958511562_5784322988_2737231989_
8757141595_7811196358_3300594087_3068121602_8764962867_

Dezimaldigits   7001 bis 8000
4460477464_9159950549_7374256269_0104903778_1986835938_
1465741268_0492564879_8556145372_3478673303_9046883834_
3634655379_4986419270_5638729317_4872332083_7601123029_
9113679386_2708943879_9362016295_1541337142_4892830722_
0126901475_4668476535_7616477379_4675200490_7571555278_
1965362132_3926406160_1363581559_0742202020_3187277605_
2772190055_6148425551_8792530343_5139844253_2234157623_
3610642506_3904975008_6562710953_5919465897_5141310348_
2276930624_7435363256_9160781547_8181152843_6679570611_
0861533150_4452127473_9245449454_2368288606_1340841486_

3776700961_2071512491_4043027253_8607648236_3414334623_
5189757664_5216413767_9690314950_1910857598_4423919862_
9164219399_4907236234_6468441173_9403265918_4044378051_
3338945257_4239950829_6591228508_5558215725_0310712570_
1266830240_2929525220_1187267675_6220415420_5161841634_
8475651699_9811614101_0029960783_8690929160_3028840026_
9104140792_8862150784_2451670908_7000699282_1206604183_
7180653556_7252532567_5328612910_4248776182_5829765157_
9598470356_2226293486_0034158722_9805349896_5022629174_
8788202734_2092222453_3985626476_6914905562_8425039127_

3.141592653589793238462643383279502884197169399

π Dezimaldigits   8001 bis 9000

5771028402_7998066365_8254889264_8802545661_0172967026_
6407655904_2909945681_5065265305_3718294127_0336931378_
5178609040_7086671149_6558343434_7693385781_7113864558_
7367812301_4587687126_6034891390_9562009939_3610310291_
6161528813_8437909904_2317473363_9480457593_1493140529_
7634757481_1935670911_0137751721_0080315590_2485309066_
9203767192_2033229094_3346768514_2214477379_3937517034_
4366199104_0337511173_5471918550_4644902636_5512816228_
8244625759_1633303910_7225383742_1821408835_0865739177_
1509682887_4782656995_9957449066_1758344137_5223970968_

3408005355_9849175417_3818839994_4697486762_6551658276_
5848358845_3142775687_9002909517_0283529716_3445621296_
4043523117_6006651012_4120065975_5851276178_5838292041_
9748442360_8007193045_7618932349_2292796501_9875187212_
7267507981_2554709589_0455635792_1221033346_6974992356_
3025494780_2490114195_2123828153_0911407907_3860251522_
7429958180_7247162591_6685451333_1239480494_7079119153_
2673430282_4418604142_6363954800_0448002670_4962482017_
9289647669_7583183271_3142517029_6923488962_7668440323_
2609275249_6035799646_9256504936_8183609003_2380929345_

Dezimaldigits   9001 bis 10000

9588970695_3653494060_3402166544_3755890045_6328822505_
4525564056_4482465151_8754711962_1844396582_5337543885_
6909411303_1509526179_3780029741_2076651479_3942590298_
9695946995_5657612186_5619673378_6236256125_2163208628_
6922210327_4889218654_3648022967_8070576561_5144632046_
9279068212_0738837781_4233562823_6089632080_6822246801_
2248261177_1858963814_0918390367_3672220888_3215137556_
0037279839_4004152970_0287830766_7094447456_0134556417_
2543709069_7939612257_1429894671_5435784687_8861444581_
2314593571_9849225284_7160504922_1242470141_2147805734_

5510500801_9086996033_0276347870_8108175450_1193071412_
2339086639_3833952942_5786905076_4310063835_1983438934_
1596131854_3475464955_6978103829_3097164651_4384070070_
7360411237_3599843452_2516105070_2705623526_6012764848_
3084076118_3013052793_2054274628_6540360367_4532865105_
7065874882_2569815793_6789766974_2205750596_8344086973_
5020141020_6723585020_0724522563_2651341055_9240190274_
2162484391_4035998953_5394590944_0704691209_1409387001_
2645600162_3742880210_9276457931_0657922955_2498872758_
4610126483_6999892256_9596881592_0560010165_5256375678

3.141592653589793238462643383279502884197169399

Literatur Verzeichnis

Susa - Urelamischen Tontafeln ca. 3000 v.Chr.

Rhind Papyrus Rollen - ca. 1850 v.Chr.

Bibel - 550 v.Chr.

Elemente - Euklid (12 Bücher),
Über das Messen des Kreises - Archimedes ca. 250 v. Chr.

Calculus Tangentium Differentialis - Leibniz 1676

Method of Fluxions and Infinite Series - Newton 1736 (Druck nach seinem Tode)

Memoire sur quelques proprietes remarquables des quantites transcendantes circulaires et logarithiques - J.H. Lambert 1761

Exercises de Calcul Integral, Vol.1, A.M. Legendre - Dunod, Paris, 1811

C.F. Gauss, Werke, Göttingen 1866-1933, Bd 3

Modular Equations and Approximations to π - Srinivasa Ramanujan, Quarterly Journal of Mathematics, XLV, 1914

On arccotangent relations for π - D.H.Lehmer, Lehigh University - American Mathematical Monthly, Vol 45, 1938

The Transcendental Number Pi - M. Gardner, Martin Gardner's New Mathematical Diversions from Scientific American, New Zork, Simon and Schuster, 1966

Scientific American, Januar 1965, Martin Gardner

A History of Pi - P. Beckmann, 4th ed., Golem Press, Boulder-CO, 1977

Computation of π using arithmetic-geometric mean - E. Salamin , Mathe. Comp., Vol 30, 1976

3.1415926535897932384626433832795028841971693993

Fast multiple-precision evaluation of elementary functions - R.P.Brent, J. ACM, 23, 1976

The Art of Computer Programming, Bd 2, D.E. Knuth - 1981

Dihedral Quartic approximations and series for π - Daniel Shanks, Journal Number Theory, vol. 14, 1982

On a Sequence Arising in Series for π - Morris Newmann and Daniel Shanks, Mathematics of Computation, Vol 42, Nr.165, January 1984

Contact - Carl Sagan, Simon and Schuster, New York, 1985

More Quadratically Converging Algoritms for π - J.M. Borwein and P.B. Borwein, Mathematics of Computation , Vol 46, Number 173, January 1986

Pi and the AGM - A Study in Analytic Number Theory and Computational Complexity - J.M. Borwein and P.B. Borwein, Wiley, NY, 1987

Srinivasa Ramanujan und die Zahl π - J.M.Borwein und P.B.Borwein,

Moderne Mathematik, Spektrum - Akademischer Verlag 1996

Ramanujan, Modular Equations, and Approximations to PI - J.M. Borwein, P.B. Borwein, and D.H. Bailey , March 1989

On the rapid Computation of various Polylogarithmic Constants - David H. Bailey, Peter B. Borwein, Simon Plouffe - Math. of Computation April 1997

Ramanujans Notebooks - Bruce C. Berndt- Springerverlag

HAKMEM - MIT Artificial Intelligence Laboratory , Cambridge , MA: Memo AIM-239, Febr.1972, M. Beeler, R.W. Gosper and R. Schroeppel

Fast multiple-precision evaluation of elementary functions - R.P. Brent, Journal Assoc.Comput. Mach. , 23 - 1976

A Spigot Algoritnm for pi - Abstract Amer. Math. Society 12-30, 1991

3.141592653589793238462643383279502884197169399

A Spigot Algorithm for the Digits of π , American Mathematical Monthly, Band 102, Heft 3, Stanley Rabinowitz und Stan Wagon - 1995

Neue Runde - Die Kreiszahl und ihre Berechnung - Wedeniwski, Haenel - c`t 1996, Heft 12

Alte und neue ungelöste Probleme in der Zahlentheorie und Geometrie der Ebene - Viktor Klee & Stan Wagon, Birkhäuser Verlag, 1997

Multiplication of multidigit numbers on automata. Dokl. Akad. Nauk USSR - A. Karatsuba and Yu. Ofman - 1962
Englische Übersetzung in „Soviet Phisics Doklady 7" - 1963

Schnelle Multiplikation grosser Zahlen - A. Schönhage und V. Strassen - Computing 7 (1971)

Algorithmische Zahlentheorie - Otto Forster, Vieweg Lehrbuchverlag (1996)

Analysis Band 1-3 - Otto Forster, Vieweg Lehrbuchverlag

Anschauliche Geometrie - Barth, Krumbacher, Ossiander, Barth - Ehrenwirth Verlag 1996

On the Computation of the n'th decimal digit of various transcendental numbers - Simon Plouffe - November 1996

On the Prime Factors of $\binom{2n}{n}$ - P.Erdös, R.L. Graham, I.Z. Ruzsa, E.G. Straus - Mathematic of Computation, Jan 1975

Computation of the n'th digit of pi in any base in $O(n^2)$ - Fabrice Bellard http://www-stud.enst.fr~bellard/pi/pi_n2/pi_n2.html - Jan 1997

pi, Algorithmen, Computer, Arithmetik - Jörg Arndt, Christoph Haenel - Springer Verlag, 1998

Central Binomial Coefficient - http://www.treasure-troves.com/math/ CentralBinomialCoefficient.html - Sept 1996

A new formula to compute the n-th binary digit of pi - Fabrtice Bellard
http://www.cecm.sfu.ca/projects/pihex/about.html - Jan 1997

A Story of Binomial Coefficients and Primes - J.W.Sanders - Bull. London
Math.Soc. 24, 1992

On Prime Divisors of Binomial Coefficients - Pierre Goetgheluck - Math.
of Comp., Jul 1988

On the prime factors of (2n over n) - P.Erdös,R.L.Graham, I.Ruzsa and
E.G.Straus - Math.Comp. 29, 1975

Differential und Integralrechnung - G.M. Fichtenholz

150

Index

3.14159265358979323846264338327950288419716939 93

3.1415926535897932384626433832795028841971693993

3.141592653589793238462643383279502884197169399